某网站在售的带有阿波罗登月图案的美国古董床单。The "Apollo Project" vintage bed sheets on sell on a website.

1969年3月，阿波罗11号的宇航员们和家人站在一个月球模型前，为《生活》杂志拍照。最上方，从左至右，分别是宇航员迈克尔·柯林斯，他的孩子迈克、凯特、安，以及他的妻子帕特；左下方，从左至右分别是宇航员巴兹·奥尔德林，妻子琼，孩子迈克、简和安迪；右下方，是宇航员尼尔·阿姆斯特朗和妻子简，以及孩子瑞奇和马克。

Group portrait of NASA's Apollo 11 astronauts for *LIFE* magazine, as they pose with their families on a model of the moon, March 1969. Pictured are, at top, from left, astronaut Michael Collins, children Mike, Kate, and Ann, and his wife Pat; at left, astronaut Buzz Aldrin, his wife Joan, and children Mike, Jan, and Andy; at right, astronaut Neil Armstrong and his wife Jan, and children Ricky and Mark.

1969 年 7 月 16 日，人们在肯尼迪角（之后改名为卡纳维拉尔角）附近观看及拍摄阿波罗 11 号的发射。
View of spectators as they watch (and film) the launch of NASA's Apollo 11 space mission from a concrete ledge, Cape Kennedy (later Cape Canaveral), Florida, July 16, 1969.

1969 年 7 月 20 日，一群小孩坐在纽约中央公园里的一辆吉姆西卡车上，观看阿波罗 11 号登月的电视报道。
A group of children sat on a GMC truck in Central Park to watch the televised broadcast of the Apollo 11 moon landiing, New York, New York. July 20, 1969.

1969年7月21日，香港某公园内人们正聚集在一起观看阿波罗11号登月行动。
In a park, viewers gather around to watch the television broadcast of the Apollo 11 moon landing. Hong Kong, July 21, 1969.

1969 年 7 月 21 日，全球有来自 47 个国家、过 6 亿的人，观看了美国广播公司播出的登月报道。为了这次转播，一台造价四十万美金、七磅重的摄像机被送往月球表面。无论是巴兹·奥尔德林的一跃（上方），还是插旗仪式的图片，都通过这台摄像机的定焦成像，转换为电脉冲，在放大了一百倍后，直接传输到地球。在澳大利亚帕克斯，一台 210 英尺口径的射电望远镜负责收集信号，这些信号再被转化为常规的电视图像后，通过微波、卫星发送到休斯敦，再立马被转播到世界各地。

Apollo 11 Coverage (On TV Screen), ABC, July 21, 1969. More than 600 million people from 47 countries watched the astronauts. The broadcast originated in a $400,000, seven-pound camera specially designed for the hostile vacuum of the lunar surface. Images of Buzz Aldrin's leap (above) or the flag-planting ceremony were passed through the fixed-focus lens of the camera and then transformed into electrical impulses, amplified a hundred times and beamed directly to earth. At Parkes, Australia, a 210-foot-diameter radio telescope gathered the signal which was then converted to a conventional TV image and sent, via microwave and satellite, off to Houston, which instantly rebroadcast it to the world.

1969年8月,尼尔·阿姆斯特朗、迈克尔·柯林斯、巴兹·奥尔德林参加了庆祝他们成功登月的游行。
Apollo 11 American astronauts Neil Armstrong, Michael Collins and Buzz Aldrin parade celebrating their return from the moon. New York, August 1969.

1969 年 7 月 20 日，作曲家、钢琴家、爵士乐大师爱德华·肯尼迪·艾灵顿公爵为美国广播公司的登月电视节目彩排作品《Moon Maiden》。
Duke Ellington is Rehearsing 'Moon Maiden' for Lunar Landing Broadcast, ABC, July 20, 1969.

1969年8月13日,美国广播公司的新闻主播萨姆·唐纳森在阿波罗11号的庆功国宴上做现场报道。
Sam Donaldson, the ABC News anchor is at the Apollo 11 State Dinner, August 13, 1969.

1969年9月27日,是月岩在加拿大展出的第一天。此后,多伦多大学艾琳黛尔学院的大卫·斯特兰奇韦博士将带领其他科学家,对这些岩石做进一步研究。
First moon rocks make debut display in Canada, Sept 27, 1969. They will be closely examined by scientists under Dr. David Strangway at University of Toronto's Erindale College.

1-2
That Moment
亲历登月

我们当时阅读了大量的外电报道，从阿波罗登月之前，我们就开始做预告性的新闻报道了。我们当时有俄文、日文及英文等多个语种的翻译，但英文的通讯社是主要的消息来源。单穊，1969 年"阿波罗 11 号"登月时，30 多岁的单穊在新华社下属的《参考资料》专门负责科技、文体新闻的报道。

我们当时觉得很惊讶，美国人都上月球了。张德真，当时在《人民日报》海外组负责国际新闻报道的青年记者。

我们在欢呼，我们在歌唱，人类征服了月亮。月亮是一个神秘的地方，广寒宫里，桂花飘香，嫦娥仙子，教人神思遐想。月亮不再是神秘的地方，农神火箭和太空船，送上了艾德林和阿姆斯壮。他们成功的登陆月球，为人类历史，写下了最辉煌灿烂的一章。《月球处女航》部分歌词，汝德作词，古月作曲，歌星姚苏蓉、李健美、谢雷、夏心合唱。

这是创世纪以后，人类历史上最伟大的一周。1969 年 7 月 24 日，美国前总统尼克松在大黄蜂号航空母舰上对阿波罗 11 号全体工作人员说道。

当那只雄鹰降落在月球上时，我跟全世界其他人一样，完全词穷了，一句话都说不出来。我想当时我唯一能说的就是，"哇哦！天啊！"没有什么是不朽的。除了是人，我什么都不是。沃尔特·克朗凯特，CBS 新闻主播，在 2006 年接受《时尚先生》杂志采访时说。

这个世界正被美国化、技术化到了一种极限，这对一些人来说挺无趣的。登月让我们超越了脚下的这片土地，重建了活动边界。艾萨克·阿西莫夫，美国科幻作家，评价阿波罗 11 号登月。

这与我无关，我对此没有任何看法，我一点也不关心。画家巴勃罗·毕加索，在《纽约时报》1969 年 7 月 21 日当天的报纸中，报道了他对人类首次登月的反应。

当旧的梦想幻灭，总会有新的来代替。上帝怜悯只有一个梦想的人。埃丝特·戈达德，在阿波罗 11 号发射前不久，埃丝特向美联社透露了她已故丈夫——现代火箭技术之父罗伯特·戈达德日记里的一句话。

进一步的调查和实验确认 17 世纪艾萨克·牛顿的发现绝对是成立的。火箭可以在真空中跟在大气层中一样运作。纽约时报承认错误。1969 年 7 月 17 日，阿波罗 11 号发射以后，纽约时报刊出了一篇标题《A Correction》的简短文章。该文章的三个段落总结了 1920 年的社论并作出上述结论。*

*编者注：1919 年，史密森学会发表罗伯特·戈达德的开创性研究《到达超高空的方法》。该报告描述戈达德有关火箭飞行的数学理论、固体燃料火箭实验，探索及越过地球大气层的可能性。

戈达德的报告获得美国报纸的重视，大部分都是负面评价。虽然戈达德对于月球探测的构想只是研究的一小部分，报纸将他的想法夸张且歪曲地来宣传，并加以嘲笑。《纽约时报》头版在 1920 年 1 月 12 日以"相信火箭可以抵达月球"来报导史密森学会的新闻稿。

We were reading large quantities of foreign reports at that time. We had done some forecast before Apollo landed on the moon. We had translations in Russian, Japanese, English etc. But English news agencies were the main sources. — Shan Xi. When Apollo 11 landed on the moon in 1969, 30-year-old Shan Xi was in charge of science, technology, culture and sports news of *Reference News*.

We were so surprised that Americans were on the moon. — Zhang Dezhen, a young journalist of *People's Daily*.

We were cheering, singing. Humans have conquered the moon. The moon is mysterious place. The Moon Palace is filled with the smell of osmanthus and Chang'e fairy is living inside. The moon is no longer a mysterious place. Rocket and spaceship sent Aldrin and Armstrong on it. They succeeded in moon landing and wrote down glorious chapter of human history. — Part of Maiden voyage to the moon's lyrics, written by Ru De. Composer Gu Yue, singer Rao Surong, Li Jianmei, Xie Lei, Xia Xin.

This is the greatest week in the history of the world since the Creation. — President Richard M. Nixon, to Apollo XI crew aboard USS Hornet, 24 July 1969.

When the eagle landed on the moon, I was speechless overwhelmed, like most of the world. Couldn't say a word. I think all I said was, "Wow! Jeez!" Not exactly immortal. Well, I was nothing if not human. — Walter Cronkite, CBS news anchor, interview in Esquire magazine, April 2006.

The world is being Americanized and technologized to its limits, and that makes it dull for some people. Reaching the Moon restores the frontier and gives us the lands beyond. — Isaac Asimov, regards Apollo.

It means nothing to me. I have no opinion about it, and I don't care. — Pablo Picasso, reacting to the first Moon-landing, quoted in *The New York Times*, 21 July 1969.

When old dreams die, new ones come to take their place. God pity a one-dream man. — Esther Goddard, reading from her late husband's diary to the AP just prior to the launch of Apollo 11.

Further investigation and experimentation have confirmed the findings of Isaac Newton in the 17th Century and it is now definitely established that a rocket can function in a vacuum as well as in an atmosphere. The Times regrets the error. — Forty-nine years after its editorial mocking Goddard, on July 17, 1969 — the day after the launch of Apollo 11 — *The New York Times* published a short item under the headline "A Correction." The three-paragraph statement summarized its 1920 editorial, and concluded as above.

The New York Times

MEN WALK ON MOON

ASTRONAUTS LAND ON PLAIN; COLLECT ROCKS, PLANT FLAG

Voice From Moon: 'Eagle Has Landed'

A Powdery Surface Is Closely Explored

VOYAGE TO THE MOON

DAILY NEWS

MEN WALK ON THE MOON
'One Small Step for Man... One Giant Leap for Mankind'

BILD ZEITUNG
Der Mond ist jetzt ein Ami

The Washington Post

'The Eagle Has Landed' — Two Men Walk on the Moon

'One Small Step For Man... Giant Leap for Mankind'

Moon Walk Yields Data for Science

'Squared Away and in Good Shape...'

Millions Around the World Hail Lunar Landing; Follow It on TV

EXTRA — Los Angeles Times — FINAL

WALK ON MOON
'That's One Small Step for Man... One Giant Leap for Mankind'

Armstrong Beams His Words to Earth After Testing Surface

TALKS TO ASTRONAUTS
Heavens Have Become Part of Man's World, Nixon Says

Seattle Post-Intelligencer
MOON WALK
'One Small Step For Man, One Giant Leap for Mankind'

Surface Fine and Powdery, 'A Magnificent Desolation'

Free Checking is here

The Globe and Mail
MAN ON MOON
'It's very pretty up here... a fine, soft surface'
Neil Armstrong takes first step

Daily Mirror
The date: July 21, AD 1969

MAN WALKS ON THE MOON

Man has walked on the Moon. Astronaut Neil Armstrong launched a new era for mankind when he stepped from the lunar module today. America, a land of freedom, has opened a new frontier.

The landing site

読売新聞

人類、初めて月を踏む

月面、僕の靴のよう
喜び合う2人、軽快な動き

1969年7月21日

01 《纽约时报》 The New York Times, MEN WALK ON MOON

02 《每日新闻》 人类登上月球 Daily News, MEN WALK ON THE MOON

03 《华盛顿邮报》,"鹰已着陆"——两名人类登上月球 The Washington Post, 'THE EAGLE HAS LANDED'—TWO MEN WALK ON THE MOON

04 《洛杉矶时报》,走上月球 Los Angeles Times, WALK ON MOON

05 《西雅图邮讯报》,行走月球 Seattle Post-Intelligencer, MOON WALK

06 《环球邮报》,人类登上月球 The Globe and Mail, MAN ON MOON

07 《每日镜报》,人类走上了月球 Daily Mirror, MAN WALKS ON THE MOON

08 《信使报》,月亮:第一步 人类赢了 The Messaggero, LUNA PRIMO PASSO: HA VINTO l'UOMO

09 《图片报》,月亮现在是一个美国人 Bild, DER MON DIST JETZT EIN AMI

10 《新苏黎世报》,第一个登上月球的人类 Neue Zürcher Zeitung, DIE ERSTEN MENSCHEN AUF DEM MOND

11 《奥克兰明星报》,人类登上了月球 The Aurkland Star, MAN'S WALK ON THE MOON

12 《读卖新闻》,人类首次登上月球「読売新聞」、人間、初めて月を踏む

13 《朝日新聞》,人类在此登月「朝日新聞」、人間、ここに月を踏む

14 《中央日报》,《人类历史的新纪元 美登月成功》Central Daily News, THE NEW ERA OF HUMAN HISTORY: AMERICAN MOON LANDING SUCCESS

15 《中国时报》,《人类史伟大时刻来临 登月舱今晨降落月球》China Times, THE GREAT MOMENT OF HUMAN HISTORY: LUNAR MODULE LANDED ON THE MOON THIS MORNING

16 《联合报》,《太空骑士逐月飞航 阿姆斯壮得意洋洋》United Daily News, SPACE KNIGHT IS CHASING THE MOON: ARMSTRONG IS WALKING ON AIR

1969年7月22日

17 《卫报》,阿波罗开始返航 The Guardian, APOLLO'S CREW BEGINS THE JOURNEY HOME

18 《世界报》,两名人类在月球表面行走 Le Monde, DEUX HOMMES ONT FOULE LE SOL DE LA LUNE

19 《澳洲人报》,他们离开了月球 The Australian, THEY ARE OFF THE MOON

1969年7月23日

20 《参考消息》,引用法新社报道《美两名星际航行员路上月面》、路透社报道《登月舱飞离月球后与指挥舱会合》Reference News, QUOTED REPORT TWO AMERICAN ASTRONAUT WALK ON THE MOON FROM AGENCE FRANCE PRESSE, LUNAR MODULE LEAVE THE MOON AND JOIN THE COMMAND MODULE FROM REUTERS

1969年7月27日

21 《参考消息》,引用美联社报道《"阿波罗-11号"登月飞船在太平洋溅落》《美航行员放在月面的两种仪器均告失灵》Reference News, QUOTED REPORT "APOLLO 11" MOONCRAFT SPLASHDOWN IN PACIFIC OCEAN, BOTH OF THE TWO INSTRUMENTS AMERICAN ASTRONAUTS PUT ON THE MOON WENT OUT OF ORDER FROM ASSOCIATED PRESS.

1-3
In Event of Moon Disaster

写在登月失败之时

卜名梓 | 翻译

总统演讲作家威廉·萨菲尔写给白宫幕僚长 H.R. 沃尔德曼的悼念文，包括这篇为总统尼克松准备的演讲草稿。

To: H. R. Haldeman
From: Bill Safire   1969/6/18

IN EVENT OF MOON DISASTER:

Fate has ordained that the men who went to the moon to explore in peace will stay on the moon to rest in peace.

These brave men, Neil Armstrong and Edwin Aldrin, know that there is no hope for their recovery. But they also know that there is hope for mankind in their sacrifice.

They will be mourned by their families and friends; they will be mourned by their nation; they will be mourned by the people of the world; they will be mourned by a Mother Earth that dared send two of her sons into the unknown.

In their exploration, they stirred the people of the world to feel as one; in their sacrifice, they bind more tightly the brotherhood of man.

In ancient days, men looked at stars and saw their heroes in the constellations. In modern times, we do much the same, but our heroes are epic men of flesh and blood.

To : H. R. Haldeman
From: Bill Safire   July 18, 1969.

IN EVENT OF MOON DISASTER:

　　Fate has ordained that the men who went to the moon to explore in peace will stay on the moon to rest in peace.

　　These brave men, Neil Armstrong and Edwin Aldrin, know that there is no hope for their recovery. But they also know that there is hope for mankind in their sacrifice.

　　These two men are laying down their lives in mankind's most noble goal: the search for truth and understanding.

　　They will be mourned by their families and friends; they will be mourned by their nation; they will be mourned by the people of the world; they will be mourned by a Mother Earth that dared send two of her sons into the unknown.

　　In their exploration, they stirred the people of the world to feel as one; in their sacrifice, they bind more tightly the brotherhood of man.

　　In ancient days, men looked at stars and saw their heroes in the constellations. In modern times, we do much the same, but our heroes are epic men of flesh and blood.

　　Others will follow, and surely find their way home. Man's search will not be denied. But these men were the first, and they will remain the foremost in our hearts.

　　For every human being who looks up at the moon in the nights to come will know that there is some corner of another world that is forever mankind.

PRIOR TO THE PRESIDENT'S STATEMENT:

　　The President should telephone each of the widows-to-be.

AFTER THE PRESIDENT'S STATEMENT, AT THE POINT WHEN NASA ENDS COMMUNICATIONS WITH THE MEN:

　　A clergyman should adopt the same procedure as a burial at sea, commending their souls to "the deepest of the deep," concluding with the Lord's Prayer.

Others will follow, and surely find their way home. Man's search will not be denied. But these men were the first, and they will remain the foremost in our hearts.

For every human being who looks up at the moon in the nights to come will know that there is some corner of another world that is forever mankind.

PRIOR TO THE PRESIDNET'S STATEMENT:
The President should telephone each of the widow-to-be.

AFTER THE PRESIDENT'S STATEMENT, AT THE POINT WHEN NASA ENDS COMMUNICATIONS WITH THE MEN:
A clergyman should adopt the same procedure as a burial at sea, commending their souls to "the deepest of the deep," concluding with the Lord's Prayer.

致：H.R. 沃尔德曼
由：威廉·萨菲尔
1969/6/18

在登月失败之时：

对于这些前往月球去探寻和平的人们，命运已无法改变，他们将在月球上安息长眠。

这些勇士，尼尔·阿姆斯特朗和埃德温·奥尔德林，知道他们无望返回，但他们也知道，他们的牺牲中蕴涵了人类的希望。

家人和朋友将哀悼他们；国人将哀悼他们；整个世界将哀悼他们；地球母亲将她的两个儿子送往未知，她将哀悼他们。

他们的探索，让全世界团结一致；他们的牺牲，让全人类手足情深。

在远古，人们仰望星空，在星座中看到英雄。在现代，我们做相同的事，但我们的英雄是有血有肉的伟人。

他人会跟随，并且必定会安全返回。人类的探索不会被否定。但是这些先驱者，将永远被我们铭记。

每一个仰望月亮的人都会知道，在另一个世界的某个角落，光辉的人性永远存在着。

在总统发出声明之前：
总统给遗孀们发送电报。

在总统发表声明之后，NASA 关闭通讯设备的时候：
牧师将按照海葬的程序，令他们的灵魂在最深处安息，以主祷文作为结束。

1-4 Leroy Chiao: We Just Had a Small Party in the Universe

焦立中：我们只不过在宇宙开了个小派对

o | 采访、撰文　焦立中 | 图片提供　周赞、滕青云 | 编辑

2003年，杨利伟一小步象征中国一大步后，正式启动我国多年太空梦。曾获多项"第一"的NASA华裔宇航员焦立中（Leroy Chiao），亦突然成为内地媒体纷纷采访的对象，特别是当大家知道，这位威斯康星州出生的宇航员，1994年带着中国国旗踏上"哥伦比亚号"，并在太空无线电呼叫代号"山东、山东"。在失重状态执行任务仍惦念父母的故乡，再加上他拍摄的照片触发专家争拗：长城是否是唯一能从太空用肉眼看到的建筑？这些都让中国人特感亲切又高兴。

太空故事总从1969年7月21日最早又超乎现实的"电视真人秀"开始：尼尔·阿姆斯特朗实践了自伽利略望远镜诞生后几个世纪的欲望，那一刻亦燃点了8岁的焦立中的航天梦。四分之一世纪后，夹杂着火焰的震动，不用9分钟，他和6名同僚就抵达近地轨道（Low Earth Orbit）；1996年"奋进号"发射，他终于成为第一位漫步太空的华裔宇航员。登月冷战结束多年，科技竞赛愈跑愈快。2004年乘坐俄罗斯"联盟号"，当上国际太空站第一位华裔站长，焦立中其任务亦升级，研究"太空跑步法"。

真实的航天经验胜过所有的酷电影

虽然他告诉中国记者，很享受那种失重飘浮的感觉，但他后来为CNN撰写的《真正太空之旅比〈地心引力〉更酷》中笑说："我也没法忍受看着自己在太空漫步的电影。"作为曾逗留太空229日7小时38分5秒兼拥有6次漫步经验的宇航员，焦立中绝对是乔治·克鲁尼和桑德拉·布洛克的特级评论员。他

He is the first ethnic Chinese astronaut who conducted a spacewalk as well as the first ethnic Chinese station master of International Space Station. In 1994, NASA astronaut Leroy Chiao brought the Chinese flag into Columbia shuttle and called out the code "Shandong, Shandong" in the space radio, commemorating his parent's hometown while conducting mission in a weightless state. The photos he shot caused arguments among experts: Is the Great Wall the only structure that can be seen with the naked eyes in space? All these made Chinese people feel warm and happy. Leroy enjoys watching sci-fi movies like Gravity. But with the experience of staying in space for 229 days 7 hours 38 minutes 5 seconds and 6 times spacewalk, he said, "the real experience in space is much cooler than any cool movies."

Missions in ISS helped him build a different world perspective. Zoom out from Shandong province, to USA and then to 230 miles above the earth, the concept of "home" and "people" has a broader meaning. He believes the space dream is not only "an instrument of foreign policy". It surpasses politics and mostly importantly, it can promote science in the future.

尝试分析为何观众钟爱《星际迷航》和《星球大战》等虚构科幻片却丝毫不关心现实中的太空探索：

1. 因为大家已太习惯沉闷的正常运作，毫无刺激可言，除非有特别事故或意外发生；
2. 科研人员中肯扼要，没多余的情绪发泄，观众宁看扯头发的真人秀；
3. 迈克尔·贝拍摄《绝世天劫》时曾到 NASA 取景，后来焦立中有机会参观此片场景，"他们的假航天服和太空道具比我们所用的更酷"；
4. 如果没技术错误，航天物理非常闷蛋，《星球大战》宇宙飞船不合逻辑地飞来飞去才好看。

他感谢 NASA 在其执行任务时没出现《地心引力》的技术错误，但他仍享受电影带来的快感。尽管如此，"真实的航天经验胜过所有的酷电影"。

航天拉近人们的距离

即使从 NASA 退役十年，焦立中仍不时撰文，分享人类史到目前只有约五百名男女才拥有过的"平行宇宙"超真实经验。"记得在国际太空站进行平常任务时，我正为新组件系紧螺钉。可当我回头一看，地球在活生生的蓝绿中飘浮，望向另一边，我看见最黑的黑暗远处被一点星光刺穿。景象是如此强烈又超现实。"

今年年初，焦立中在《科学美国》中写道，历经这种"转化魔力"，他带着不再一样的世界观回家，从山东、美国再"Zoom out"至地球上方230英里，所谓的家国人民已有更宏观的意义。他坚信，太空梦不纯是"外交政策的工具"，它超越政治，更重要是推动未来尖端科学。比如他和吉尔吉斯斯坦宇航员 Salizhan Sharipov 的生物医学实验——在太空进行超声波扫瞄，将数据传送回地球让医生同步分析，这种"远距医疗"（Telemedicine）科技，现已应用在发展中国家，帮助偏远乡区的人民。因此，继续把人类和机器人送上太空，只会孕育合作而非制造敌人。他为商营太空之旅的出现而振奋，即使维珍银河宇宙飞船二号早前在试飞中坠毁。他说，让更多人有机会体验这种转化魔力——回望地球，把它看作我们共同的家，能将人类拉近。

我希望有机会登陆月球

由1969年太空竞赛胜利者到2003年"哥伦比亚号"解体灾难，他为"NASA 最终沦为其成就的牺牲者"而难过，美国的先驱精神亦随之迷失。将太空探索私营化和商业化似乎为势所迫，对于有人批评，把太空当作富豪的私人俱乐部甚或火星版真人秀，焦立中回应，正如飞机的大众化过程一样，这是科技发展的逻辑性演进。他和合伙人成立的"黑月"（Black Moon）公司，预算集资五百万美元作启动基金，向政府购入火箭和宇宙飞船，期望四年内发射，太空旅游之外，其目标包括借助机械登陆者，将富贵客户的"遗产"比如头发或 DNA，留在月球上。

从第一华裔宇航员到多间私营航天科技公司顾问包括 SpaceX，再到未来太空企业家，仍未实现阿姆斯特朗"个人一小步"梦想的焦立中说："我希望有机会登陆月球，这公司正是我下一场大冒险之旅。"也许，在即将的未来，焦立中大有机会把来自中国的DNA 带上"黑月"，The Dark Side of the Moon。

Continuously sending humans and robots to the universe would not make enemies but only build cooperation. He felt excited for commercial space travel, even though the second Space Ship of Virgin Galactic's crashed in its trial. He said, to let more people have the opportunity to experience this magic of looking back on earth as our common home will help bringing them closer. Nowadays, Chiao established a company called Black Moon with his partner. They would raise 5 million dollars as the initial funding and buy rockets and spaceships from the government, and launch them within 4 years. Beside space travel, they also use mechanical lander to leave some heritage of their clients on the moon, for example, hairs and DNA.

The first ethnic Chinese astronaut, advisor to several private aerospace technology companies, including SpaceX, and the future space entrepreneurs, Leroy Chiao still hasn't fulfilled his "one small step of his own". He said, "I hope there is an opportunity to land on the moon and this company is my next adventure." Perhaps, in the upcoming future, Leroy Chiao will have a lot of chances to bring Chinese DNA on the "Black Moon", the Dark Side of the Moon.

gogo × 焦立中

阿姆斯特朗左脚踏足月球那刻,其实象征着某种全新的"自由"概念,飘浮出人类界限,四分一世纪后你亦感同身受?

对,它象征着某种自由——人类飞越地球。即使我所有任务只是在近地轨道,在太空漫步时,我确实有种自由的感觉。

还记得登月那刻,你父母(一位是航天顾问,一位是生物工程专家)的反应吗?后来你跟随父母步伐,太空竞赛对两代美国人起着怎样的心理作用?

我对登月那刻的记忆非常清晰,跟家人和几位朋友看着电视,大家都为人类有如此成就感到惊奇又敬畏,它亦触发我要成为宇航员的梦想。现在再没所谓的太空竞赛,我们处于一个共同协作的年代,国际太空站项目展示了国际之间可以运作。我相信我们应延伸这种合作关系,包括其他航天国家,比如中国。

你曾说:"即使在冷战高峰,苏联跟美国一样,对人类首次踏足月球感到兴奋。"那么你认为,当时的中国人即使在混沌中,其实跟外边世界一样为登月振奋?

当然,中国人必定同样惊奇。我了解中国对月亮非常感兴趣,因为背后有着文化和技术的原因。我想,中美以及美国伙伴应共同努力重返月球。

你以"山东"作太空呼叫代号,有点像浪漫外星人呼喊远处的家乡?你和父母回过山东吗?

这是一个基于情感的选择,我想跟我的中国传承打个招呼,并向父母致敬。2006年,我和父母、妹妹一起回过山东。

亲历地球就在我脚下的震撼,自然令你对"家"有更宏观的视野,人类不停追逐的一些事情,比如权力之争议,对你来说,可能已无关痛痒?

从太空看地球,的确让我对地球上的生命有更广视野,不再被小事物所扰。

2003年两件事对太空发展起着转折性影响——哥伦比亚号STS-107灾难和神舟五号。作为1994年哥伦比亚号七成员之一,STS-107灾难是导致你走上国际太空站的原因吗?多年来你一直呼吁让中国加入国际太空站无果,你可否以其他途径协助中国,比如当我们的航天顾问?

没错,中国的航天工程正在崛起。美国的仍在继续,只是没被华府特别重视。

STS-107意外,让我深感难过,那些都是我的朋友。哥伦比亚号摧毁,我同样难受。因此,事故调查时,我很难去检视那些残骸。

我有机会认识好几位中国宇航员和航天官员,但我一直极其小心,不能把我的认知透露出去,因为美国法律严禁公民向外国人讨论和转移任何与航天领域相关的知识。因此,在现有法律下,我没可能协助中国航天工程。

除五星红旗外,你还带来自香港的石英玫瑰上太空,但对父母曾暂居的台湾似乎没多少情感?

第一次太空任务,我希望带着象征主要华人地区——中国大陆、香港、台湾的符号上去:中国国旗、香港的玫瑰,原本还有台湾的卷轴,但美国政府和NASA不批,因为当时他们怕得罪中国大陆。

听说你还带上最爱的零食?宇航员在太空吃"科学怪人食品"吗?太空气味是怎样?会否记挂地球的味道与触感?

我在太空最爱的零食之一,就是薯片。我们很多食品都来自美军所用,还可以吧,但我们会想念新鲜食物。我同样想念清新空气和大自然:草、动物、风、树木。

你在太空站的工作包括研究"远距医疗"和实验低频振幅,这听起来就像尼古拉·特斯拉百年前的梦想。他曾说,没人能估计重大知识对人类未来发现所带来的影响,这话在21世纪仍有效吗?

没错,当人类以为自己无所不能时,聪明人继续追寻新科技和做事的新方法。我想,人类是不会停止创新,继续前进。

2004年你托人将机密文件从太空送到总统选举办,投的是小布什么?当国防经费增加过百倍,NASA却少于联邦预算的1%,你曾撰文呼吁"不要让恐袭骑劫我们未来的梦想"?

我是首位在太空投总统一票的美国人。遗憾的是,美国并没更好地资助航天项目。国家安全当然重要,但我们同样需要为孩子的未来投入更多。

关于人类进程,你说"我们只不过在宇宙开了个小派对"。那么,你宁信"上帝的骰子"还是"外星人"的阴谋论?

作为科技人员,我相信宇宙总有其他生命。但我不认为地球曾被外星人到访。远方如此浩瀚,而我们仍未发现任何迹象。

《地心引力》最让人印象深刻是布洛克那颗3D泪珠,现实中它会否如此飘浮?宇航员都经历过动容一刻吗?你认为《2001太空漫游》更有前瞻性吗?

我想,所有宇航员在太空都有过情绪化的一刻,特别是你的首次任务。泪珠不会在太空飘浮,因为那里没地心引力。泪水涌满眼睛,你就得擦干。

从成功宇航员到自己的航天公司"黑月",你对维珍银河、SpaceX和Mars One等引发的下一阶段商营太空竞赛和太空经济学有什么看法?

像SpaceX和维珍银河这些公司正研发硬件带领人类和装备进入太空。"黑月"仍是个小秘密,但我们准备购置宇宙飞船和火箭,目标是将有价值的东西放到月球上。

不要把"火星一号"看得太认真,他们筹着很多资金,但这在美国属于非法。他们还没实质的计划。

作为SpaceX安全顾问,你如何看待埃隆·马斯克的梦想?会否质疑他的"火星移民"野心?你相信人类真的能在本世纪末"远距传送"到火星吗?

我不该去质疑埃隆·马斯克,虽然他有时的确过分乐观,特别是在成本及进度方面,但总体上他一直都颇成功。我不知道"远距传送",但谁知道?我从不说不可能!

gogo × Leroy Chiao

During the pre-reality show era, the footstep (Left boot!) of Neil Armstrong live broadcasted on the Teles, in certain sense, it was a more than real or surreal 'reality show', it ignited the dream of several centuries since Galilean telescope, but did it also symbolize a new concept of freedom, floating out of human boundary, of which you experienced physically after a quarter of century?

Yes, it symbolized a kind of freedom, that man was pushing past the earth. Although all of my missions were in low earth orbit, I did feel a sense of freedom during my spacewalks.

Did you watch this American dream come true with your parents at home in Wisconsin/California on 21 July 1969? Could you recall the response of your father Tsu Tao Chiao and your mother Dr Cherry Chiao at the moment or around that time? As you were following the footstep of your Mother in chemical engineering study and the elder Chiao was also a researcher in Lawrence Livermore National Laboratory and expert on aerospace (according to the Chinese media), have you sensed a different emotion or American psyche on space race in different generations?

I remember the moon landing very clearly. It started my dream of wanting to be an astsronaut myself. I was watching with my family and a few friends. We were all amazed and in awe of what man had achieved. Now, there is no space race per-se. We are now in an era of collaboration and cooperation. The international space station program demonstrates how this international cooperation can and should work. I believe we should expand the cooperation to include space faring countries like China.

2004年10月13日,焦立中和Salizhan Sharipov（中）准备乘坐"联盟号"出发进行"考察10"任务,而同行的俄航中校Yuri Shargin（左）将带领"考察9"回到地球。On Octorber 13th, 2004, Leroy Chiao and Salizhan Sharipov (in the middle) was ready to board "Soyuz" to carry out mission "Investigation 10". Russian Airlines lieutenant colonel Yuri Shargin (on the left) will lead "Investigation 9" back to earth.

焦立中深知太空之旅是危险事业,死亡率为1:67,但他仍希望有机会踏足月球,甚至期待人类最终能抵达火星。Leroy Chiao fully understood space travel is a dangerous business. The death rate is 1:67. But he hopes he can land on the moon and humans would reach Mars one day.

焦立中与Salizhan Sharipov在国际太空站相处半年,首次参与此项目让他明白国际合作能超越政治分歧。"当俄罗斯的MIR有麻烦时我们能帮上一把,而在哥伦比亚号灾难后,他们的联盟号协助美国宇航员,让太空站能继续运作。" Chiao stayed in ISS with Salizhan Sharipov for half a year. Joining this project for the first time, he realized international cooperation can surpass political disagreement. "When MIR from Russia had trouble, we would like to help. After the disaster of Columbia, their Soyuz assisted American astronauts to make ISS back to work."

焦立中从太空拍摄的紫蓝色北京。至于他的"space-spotting"所引起的争执: 长城是否唯一能从太空用肉眼看到的建筑? 连杨利伟也说,不。Leroy Chiao shot Beijing in violet blue from space. An argument caused by his "space-spotting": Is the Great Wall the only one structure that can be seen with the naked eyes in space? Yang liwei said, no.

作为国际太空站站长的焦立中穿着俄罗斯宇航服"Orlan"进行太空漫步,肯定比乔治．克鲁尼的《地心引力》更酷,不过虚构故事却能让中国天宫和神舟协助拯救了桑德拉·布洛克。Wearing the Russian space suit "Orlan", As the station master of ISS, Leroy Chiao was conducting a spacewalk, definitely cooler than Goerge Clooney in Gravity. But in the fiction story, Tiangong and Shenzhou helped Sandra Bullock.

2-1
A No Return Journey

再见地球！无法返程的旅途

丹 | 撰文　周赟 | 编辑
ASA、ESA 等 | 图片来源

2007 年年初，新视野号飞掠木星时，发回的迄今为止最清晰的木星及卫星艾奥（Io，木卫一）照片，照片上木星色彩大气环状结构清晰可见，这张照片也被用作 2007 年 10 月 12 日《科学》杂志的封面。At the beginning of 2007, New Horizons flew by Jupiter and sent back the clearest photos of Jupiter and the satellite Io. The color atmosphere in a ring structure can be seen clearly. This photo was used for the cover of journal Science of October 12th, 2007. Source: NASA/JHU/APL

在科幻史上，当莱因哈特皇帝遥指浩瀚宇宙说出"我的征途是星辰大海"这句经典台词（出自史诗巨制《银河英雄传说》），传递出的信息却已远远超出了作品本身赋予文字的内涵，更像是人类在漫长而艰难的宇宙探索过程中直观准确的写照。有趣的是，人的想象力与身体的局限永远是一对不可调和的矛盾，即便无数科幻作品已经在假想的框架下为人类在宇宙中安排了各种充满可能性的结局，人却仍然囿于重力停留在地球表面。也正是在这种矛盾的驱使下，人类永远没有放弃探索宇宙。从最早的望远镜观测到探测器深入太空，基于偶然或必然诞生在地球上的人类，仿佛一直在用所有的能量去印证诗人佩索阿的那句"我的心，略微大于整个宇宙。"

科技并没有情感，但如果妄自将文艺情怀加入其中，探测器从升空起的每一步都在抛弃、在燃烧，直至达到真正的去而不返，这种基于精密计算程序下的狄奥尼索斯精神，也许映衬了人类所有的渺小与伟大。

During the long exploration of the universe, the invention of the detector became a milestone that let human truly explore deep in to the universe. This article mainly talks about several detectors that played pivotal roles in the aviation history - Voyager 1&2, Beagle 2, Yutu lunar rover, Rosetta, New Horizons. By illustrating the scientific meaning, beauty with a sense of sorrow was born.

← 1977年8月20日，旅行者2号从美国肯尼迪太空中心发射，早于旅行者1号。On August 20th, 1977, Voyager 2 was launched from the Kennedy Space Center, earlier than Voyager 1.

→两架旅行者号探测器上都装备了一张12英寸的金唱片，图片右下为金唱片和旅行者号位置的演示图，右上为唱片封面，左下为唱片盘面。There is a 12 inches gold records on each voyager detector. The position of the gold records and the voyager is demonstrated on the lower right. And the upper right is the cover of the records, lower left the disk.
Source: NASA/JPL-Caltech

旅行的意义：旅行者 1 号 & 2 号
THE MEANING OF TRAVEL: VOYAGER 1 & 2

电影《后会无期》中钟汉良饰演的阿吕以近乎癫狂的状态追寻旅行者 1 号，将这个已经在太空中漫游近四十年的探测器重新拉回人们的视线中，而此时，它连同旅行者 2 号，已经飞出太阳系，到达遥远的星际空间，成为人类历史上航行路途最远的探测器。而搭乘旅行者号驶向太空的两张金唱片也将地球文明的声音传播到更深的宇宙中。

这是两张经过精心构思和设计的唱片。唱片封面上呈现了大量诸如太阳坐标等有效信息，甚至包括一块高纯度的铀 238，可供捕捉到此唱片的外星生命推算出探测器的发射日期。而唱片的内容则显得异常感性，内含 116 幅图像，多种大自然的声音，地球人用 55 种语言说出的祝福语，一段长达 90 分钟包含东西方不同风格的音乐，以及来自时任美国总统卡特和联合国秘书长库尔特·瓦尔德海姆的讯息。

向太阳系外发射携带通用信息的航天器的想法来自美国天文学家卡尔·萨根，在旅行者号金唱片之前，他已在 1972 年和 1973 年发射的先锋 10 号和 11 号上分别安装了一块金质的蚀刻铭牌。而比之与外星智慧生物交流，卡尔·萨根的另一个想法则显然充满诗意，他希望旅行者号在离开太阳系之前，能够回望地球。

在此之前，人们所熟知的地球照片分别由阿波罗 8 号和阿波罗 17 号拍摄，那是人类首次借助航天器的视角，跳出地平线，真正目睹了地球的全貌，是人类自我认知伟大的一步。而萨根想法的实现却阻力重重，彼时旅行者 1 号任务进入尾声，拍摄照片需要将任务延长 6 个月，涉及大量人力物力成本。经多次吁请未果后，当时美国宇航局局长、海军上将理查德·特鲁利终于被萨根所打动，在 1989 年批准了这个动作。当时，旅行者 1 号距离地球 40 亿公里，拍摄时间为 1990 年 2 月 14 日。

第一个见到这张照片的人是行星天文学家康迪斯·汉森-科哈彻克，她所找到的只是画面上一个仅有两三个像素大小的光点，那就是地球，她将当时的感受形容为脊背发冷。而促成这张照片的萨根也因此写成了不朽名著《暗淡蓝点》，他说：

"再看看那个光点，它就在这里。那是我们的家园，我们的一切。你所爱的每一个人，你认识的每一个人，你听说过的每一个人，曾经有过的每一个人，都在它上面度过他们的一生。我们的欢乐与痛苦聚集在一起，数以千计的自以为是的宗教、意识形态和经济学说，所有的猎人与强盗、英雄与懦夫、文明的缔造者与毁灭者、国王与农夫、年轻的情侣、母亲与父亲、满怀希望的孩子、发明家和探险家、德高望重的教师、腐败的政客、超级明星、最高领袖、人类历史上的每一个圣人与罪犯，都住在这里——一粒悬浮在阳光中的微尘。"

在这个苍白的蓝点下，人类一切妄自尊大的行为、宇宙中享有特权地位的错觉都受到了巨大的挑战。地球奇迹般地孕育了生命和人类文明，却孤独地处在暗黑的宇宙中。人类涉足宇宙越深，越发现并无退路，这未尝不是宇宙探索另一个值得深思的维度。

Voyager 1 and Voyager 2 has traveled beyond the solar system, to the distant interstellar space, and became the detectors that has traveled farthest in human history. The two gold records on board have brought the civilized voice of earth to the deeper universe.
Just as the original intention of Sagan, under the pale blue, the self-important behavior and the illusion of having privileged status in the universe face challenges. Earth miraculously gave birth to lives and human civilization, but she is alone in the dark universe. The deeper humans go into the universe, the clearer they would know there is no way back. This is another dimension about universe exploration worth concerning.

时至今日，旅行者号给予人们的意义早已不局限于科学研究的范围。多梅尼科·维希纳奎是一位拥有物理学博士学位的作曲家，他将两艘探测器上的质子记录仪每小时检测到的质子数量对应成音符，用钢琴演奏旅行者 1 号的数据，弦乐则扮演了旅行者 2 号。这支不到 5 分钟的乐曲中，汇集了 37 年来旅行者号传回数据，充斥着大量重复音符、节奏急促的乐曲，仿佛在模拟旅行者号看似平静的太空漫游中潜藏的无限躁动和可能。只是，乐曲终有尽时，旅行者号仍在前行。也许有一天，它们真的飞到了地球无法接收讯息的区域，但我们仍然会知道，它们承载着人类文明向宇宙进发。正如卡特总统留在金唱片上的声音："这张唱片代表在这个浩瀚的宇宙中，我们的希望、我们的决心与我们的善意。"

复活的祭品：小猎犬 2 号 / 玉兔号
THE RESURGENT SACRIFICES: BEAGLE 2, YUTU LUNAR ROVER

2003 年 12 月 19 日，ESA 的网站上公布了火星快车号释放小猎犬 2 号火星登陆器的消息，文章将释放的过程形容为完美无瑕（flawlessly released），并将这一事件定义为火星快车号——欧洲首个火星计划——跨越的另一个里程碑。按照程序设定，6 天后小猎犬 2 号会进入火星大气层，并降落在指定地点——接近火星赤道的伊希地平原。但这个完美无瑕的开端并未收获理所当然的结果，2004 年 1 月 7 日，ESA 公布与小猎犬 2 号失去联络。在此期间，火星快车号、火星奥德赛号以及射电望远镜都在搜寻小猎犬 2 号的踪迹，却一无所得，仿佛这艘得名自随达尔文远征帆船的登陆器，已被"无情的行星"——时任 ESA 科学项目局长的戴维·索斯伍德如此称呼火星——所吞噬。索斯伍德称仍有机会找到小猎犬 2 号，但所有人都知道，所谓的"机会"只不过是任务失败的另一种说法，在人类向宇宙进发的过程中，小猎犬 2 号不是第一个祭品，也不会是最后一个。

2015 年 1 月 16 日——火星快车号释放小猎犬 2 号的整整 12

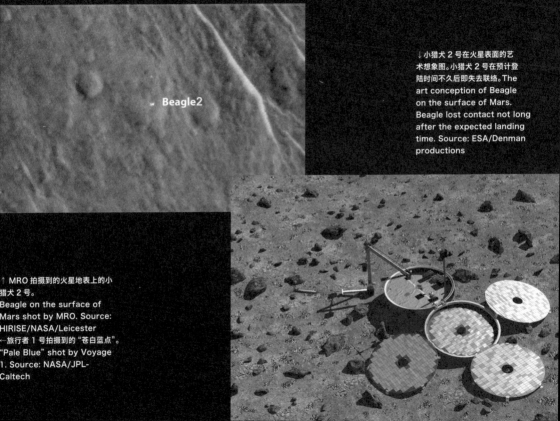

↓小猎犬 2 号在火星表面的艺术想象图。小猎犬 2 号在预计登陆时间不久后即失去联络。The art conception of Beagle on the surface of Mars. Beagle lost contact not long after the expected landing time. Source: ESA/Denman productions

↑ MRO 拍摄到的火星地表上的小猎犬 2 号。
Beagle on the surface of Mars shot by MRO. Source: HIRISE/NASA/Leicester
←旅行者 1 号拍摄到的"苍白蓝点"。
"Pale Blue" shot by Voyage 1. Source: NASA/JPL-Caltech

嫦娥三号着陆器拍摄的玉兔号陆月球图。Yutu landing on Moon shot by Chang'e 3 lander Source: Website of Moon Project

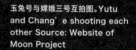

玉兔号与嫦娥三号互拍图。Yutu and Chang'e shooting each other Source: Website of Moon Project

玉兔号与嫦娥三号互拍图。Yutu and Chang'e shooting each other Source: Website of Moon Project

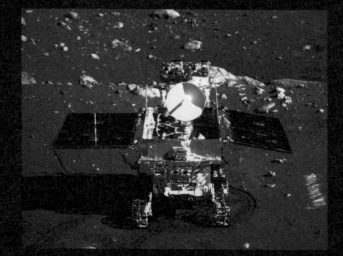

On December 19th, 2003, a piece of news on ESA website said Mars Express had released Beagle 2. The process is described to be flawlessly released and became another milestone of the first Mars project of Europe - Mars Express. According to the program set before, Beagle 2 would enter Martian atmosphere 6 days later and land on the designated place - Isidis Planitia around Mars's equator. However, on January 7th, 2004, ESA announced they lost the track of Beagle 2.

On January 16th, 2015, 12 years after Beagle 2 was released, an HD image shot by Mars Orbiter patrol (MRO) of NASA showed a bright spot on the surface of Mars. It is verified to be Beagle 2. It has landed successfully, but it lost the contact with earth because it failed to fully open the solar panel. And the landing time was just as expected - on the Christmas Day of 2013. On January 25th, 2014, Yutu was going into the second dormancy. Being affected by the complex environment on the surface of the moon, the mechanism control went wrong. Yutu lunar rover posted a weibo at the first time, saying, "Ah... I am broken." The message was reposted 50 thousand times. Later, Yutu even posted two weibo about scientific facts to comfort the sad netizens. One of them mentioned the human exploration of our solar system in recent 50 years summarized by The National Geographic. Every success or failure was marked on one precisely drawn graph. As Yutu has said, "I am just a little point, there will be more detector here in the future." Since then Yutu didn't update its weibo anymore. But the scientific team of Change 3 moon project didn't give up with this "rabbit" wandering on the moon. And finally on February 13th, 2014, Yutu lunar rover posted a message: Hi, anyone there? Marking the wakening of Yutu.

年后，NASA 的环火星巡逻者轨道器（MRO）拍摄的一张火星地表高清图像中出现了一块亮斑，被证实为小猎犬 2 号，它成功软着陆，因太阳能板未能全部打开，失去了与地球的联系，登陆火星时间如预计的一样，刚好为 2013 年的圣诞节。

小猎犬 2 号并非"失而复得"的 特 例。2013 年 12 月 2 日，中国嫦娥三号探测器在西昌卫星发射中心升空，同月 14 日成功软着陆于月球雨海西北部，并在 15 日实现着陆器和巡视器分离，后者即玉兔号月球车。而在嫦娥三号升空之前，新浪微博上一个名为"月球车玉兔"的 ID 发出了一条"大家好，我是月面巡视探测器玉兔"的微博，并称四个小时后即将和嫦娥三号升空的它"有点紧张……希望这次能完成任务"。这个背后由新华社、果壳网以及嫦娥计划专业人员支持的帐号能够即时发布第一手讯息和资料，通过它，嫦娥三号和玉兔互拍的照片和视频以最快的速度在网上传播。

2014 年 1 月 25 日，"玉兔"进入第二次月夜休眠，但受月面复杂环境的影响，机构控制出现异常，而"月球车玉兔"微博在第一时间发布："啊……我坏掉了。"短短五个字的微博引发了近五万的转发，面对网友们悲伤的情绪，"玉兔"甚至善解人意地发了两条用科学事实安慰网友们的微博，其中一条便提到美国国家地理总结的人类 50 年内对太阳系进行的各种探索。这张精密绘制的图表中，详细地标注了人类在太阳系中每一次成功或失败的探索，正如"玉兔"所说："我只会是小小的一个点……以后还会有更多探测器来这里的。"此后，"月球车玉兔"的微博便不再更新。

然而嫦娥三号登月计划的科研团队并没有放弃这只流落月球的兔子。终于，2014 年 2 月 13 日，"月球车玉兔"发布了一条人们期待已久的信息"Hi, 有人在吗？"宣告玉兔号成功被唤醒。

这只命运波折的兔子在国际范围也得到更多人情味的关怀。有关玉兔苏醒的 CNN 报道网页里不乏美国网友的精彩评论，如"中国肯定是又发射了一个人上去踹了兔子一脚。""吴刚修好了玉兔。"截至目前，玉兔已经在月球超期服役一年多，网友们依然关心着它的动态并习惯性地去玉兔的微博下面留言。不知未来的传播学教材将如何分析这次科学事件引发的社交媒体上的群体情绪，但对于玉兔传递出的失而复得的情感，确是人情冷漠社会中令人动容的一幕，特别是当它发生在人类无法掌控的浩瀚宇宙。

越远的距离与越近的本源：罗塞塔号/菲莱号
THE FARTHEST DISTANCE AND THE NEAREST ORIGINS:

2005 年 3 月 4 日，罗塞塔号发射后首次绕回地球，拍摄的月亮从弧状地平线上升起的一刻。
Rosetta traveled back to Earth for the first time after its launch, shooting the moon rising from the arc horizon. Source: ESA

ROSETTA/ PHILAE

现陈列于大英博物馆中的罗塞塔石碑是近代考古史上一次里程碑式的发现，通过石碑上镌刻的多种文字相互对照，考古学家解读出失传千余年的埃及象形文字意义和结构，取得了研究古埃及历史的重大突破。ESA研究67P/楚留莫夫-格拉希门克彗星的探测器罗塞塔号即得名于此，其登陆器"菲莱"的名字则源于尼罗河中的一座小岛，在那里发现的方尖碑在解读罗塞塔石碑的过程中起到了至关重要的作用。

　　这种感性的命名方式明确地寄托了人类的希望——通过探测彗星解开行星形成前的太阳系之谜。2004年3月2日，罗塞塔号在法属圭亚那太空中心升空。2014年11月12日，菲莱登陆器成功在彗星表面降落。在菲莱陆前，ESA制作了一系列动画短片简单明了地介绍了彗星探测的意义、历史，以及罗塞塔号的任务。其中一幕，菲莱一直在罗塞塔头上蹦来蹦去，不停重复着："罗塞塔，我们到了吗？"事实上，菲莱登陆过程并没有动画片中描绘得那么美好，《自然》（Nature）杂志在文章《菲莱在彗星上的64个小时》中将菲莱沉睡前的三天三夜描述为"惊心动魄"。菲莱经过了多次故障与修复后，虽然偏离了既定的降落地点，降落姿态也不尽理想，但仍然采集到了大量优良数据。有趣的是，正是因为登陆的一系列偏差，使得让菲莱最初几天耗尽电源的阴影极有可能成为彗星靠近太阳时菲莱的保护伞，因此，在罗塞塔继续围绕彗星飞行的旅途中，菲莱仍有复苏和重新工作的机会。

2015年1月，《自然》杂志评选的2014年人类十大科技突破，罗塞塔号彗星探测计划居首位，充分肯定了人类首次发射围绕彗星运行并登录的探测器的科研意义。罗塞塔离地球的距离日渐遥远，却越来越接近宇宙的本源，正如ESA在动画片中借乔托号之口说出的那句话："你们将经历任何太空探测器未曾经历过的事情，是时候写下自己的故事了。"

The discovery of Rosetta Stone on display in the British Museum is a milestone in the history of modern archaeology. According to the multiple characters on the stone, archaeologist learned to interpret the meaning and structure of Egyptian hieroglyph that has been lost for thousands of years and made a breakthrough in the study of ancient Egypt. Rosetta, the probe of comet 67P/Churyumov–Gerasimenko, invented by ESA was named after Rosetta Stone. Its lander Philae was named after a small island on Nile - the obelisk discovered there played a significant role when interpreting Rosetta Stone. January, 2015, journal *Nature* selected 10 breakthroughs in science for 2014 and Rosetta comet exploring program ranked the first. It recognized the positive meaning and scientific significance of having the detector circle and landing on a comet for the first time. Rosetta is going farther and farther, but it is much closer to the origin of the universe.

2009年11月13日，罗塞塔最后一次飞掠地球时，拍摄到的南太平洋反气旋。Rosetta flew by the Earth for the last time, shooting the anticyclone on South Pacific Source: ESA

"彗星欢迎你！"菲莱安全登陆彗星后首次发回的照片，由两张照片拼接而成，画面上可以清晰看到菲莱的三条腿。"Welcome to comet!" after safely landed on the comet, Philae sent back this photo for the first time. Three legs of Philae can been seen clearly this mosaic picture. Source: ESA/Rosetta/Philae/CIVA

ESA 为罗塞塔号计划制作的动画片《很久以前》中菲莱登陆准备画面。
Long time ago, a cartoon, made by Rosetta Project. Philae is about to land. Source: ESA

2006年1月19日,新视野号在美国佛罗里达州卡纳维拉尔角空军基地升空。On January 19th, 2006, New Horizons launched from Cape Canaveral Air Force Station, Florida. Source: NASA Kennedy

新视野号拍摄的冥王极其最大卫星卡戎。Pluto and its biggest Satellite Charon.
Source:NASA/JHUAPL/SWRI

新视野号拍下的最清晰冥王星照片。The clearest photo of Pluto sent back by New Horizon.
Source:NASA/JHUAPL/SWRI

你好，冥王星：新视野号
NEXT STATION, PLUTO: NEW HORIZONS

新视野号于2006年1月19日发射，发射时，冥王星还是太阳系九大行星之一。

在2006年8月闭幕的第26届天文学联合会将冥王星从太阳系九大行星降级为矮行星后，各界争议不断，其中不乏知名天文学家，新视野号负责人阿兰·斯灯赫然在列，他将这一决定批评为："这是个草率的决议，是糟糕的科学。一切都没有结束。"

是的，一切都没有结束。截至2015年，距离冥王星降级的决议已经过去9年，冥王星没有得到"平反"，然而新视野号却始终朝向太阳系据离地球最远的星体进发。

冥王星降级后，冥王星发现者的遗孀翠西·汤博曾在接受媒体采访时幽默地表示失望："我觉得自己好像降级了。本来我是冥王星发现者的妻子，现在却成了某颗矮行星发现者的妻子。"

但探索冥王星的计划并未降级，北京时间7月14日19点49分57秒，新视野号飞掠冥王星，成为2015年最受关注的天文事件。次日，新视野号传回迄今为止人类所见见到的最清晰的冥王星照片，冥王星表面一块心形的区域一时间在社交媒体上受到网友们的追捧，他们将它PS成各种有趣的图案，或是一个捧着爱心的萌系冥王星脸庞，或是卡通人物布鲁托（米老鼠的宠物，与冥王星同名）。但更为浪漫的是，这块区域被以发现者汤博的名字命名——这是地球对冥王星一句最贴心的问候。

universetoday网站曾刊登过一篇名为《新视野号给冥王星送去9件神秘货物》的文章，介绍了包括冥王星发现者克莱德·汤博的一部分骨灰、太空船1号的一小部分、1991年美国发行的印有"冥王星：尚未探测"的邮票等九件物品。时间，是太空探索中最无情的维度，然而，经历三千多天终于相见的新视野号和冥王星，即便只能擦身而过，却成就了最激动人心的美好。

Website universetoday once published an article called Did You Know There are 9 Secret Items Hidden on Pluto Mission New Horizons? It consists of some bone ash of Clyde Tombaugh - the discoverer of Pluto, a part of Space Ship One, a piece of stamp with "PLUTO NOT YET EXPLORED" published in America in 1991 and so on. Time is the merciless dimension in universe exploration. However, New Horizon will reach Pluto within 10 days. The distance in between is less than the distance between the earth and the sun, and this distance created by time became the exciting glory instead. At 7:49:57 pm on July 14th (Beijing Time), New Horizons flew over Pluto, becoming the most anticipated astronomical event in 2015. The next day, New Horizon sent back the clearest photo of Pluto that humans have ever seen so far. A heart-shaped area on the surface of Pluto soon became popular on social media. This area was named after the Pluto discoverer Tombaugh and it is a sweet greeting from Earth to Pluto.

新视野号携带的克莱德·汤博骨灰和1991年发行的冥王星邮票。Clyde Tombaugh and the Pluto stamp published in 1991on New Horizons. Source: NASA/JHU/APL

2-2
Wing-Huen Ip:
Why Do People Go Out of Africa?

叶永烜：人类为什么要走出非洲？

丹 | 采访、撰文　倪倩 | 编辑

2004 年 12 月 25 日，探测器惠更斯号（Huygens）脱离母舰卡西尼号（Cassini），于 2005 年 1 月 14 日降落在泰坦（Titan，土卫六）表面，并在工作 90 多分钟后因电池耗尽结束了历史使命。在其短暂的逗留期间，惠更斯发回了泰坦表面的照片以及天气等数据。这意味着，人类首次对这颗被冠以古希腊初代神祇名字的橙色星体有了基于科学的直观认识。此时，距离叶永烜向 NASA 和 ESA 提出探索土星计划的时间已过去了 23 年。曾被冠以"土星探索之父"的叶老，说起当年这一史上花费最昂贵的航天计划，却谦虚地将自己的作用比喻成"化学反应中的触媒"。

根据 2005 年 1 月 14 日惠更斯号登陆土星后传回的数据绘制的示意图。Huygens sent back these graphic sketches just after it had landed on Saturn on January 14th, 2005. Data source: ESA - C. Carreau

1997 年 10 月 15 日，卡西尼 - 惠更斯号美国佛罗里达州卡纳维拉尔角空军基地成功发射。On October 15th, 1997, Cassini-Huygens succeeded in launching at Cape Canaveral Air Force Station in Florida, USA. Data source: NASA

像我这样的疯子才会去做
ONLY A MANIAC LIKE ME WOULD DO THIS

1982 年,刚刚进入德国研究所的叶永烜,恰逢 ESA 向欧洲的科学团队征求有关行星探测的提议书——这是 ESA 成熟研究流程中重要的一环,并由专门的委员会论证众多提交任务在工程方面的可行性和科学价值,这一传统至今仍在延续。叶永烜博士阶段研究领域包括太阳系探索、小行星和彗星等,土星是他当时颇感兴趣的课题。他将研究整个土星系统的想法写成材料,引发很多科学同仁的兴趣。其中,对此最有兴趣的是年长叶永烜十岁的法国科学家丹尼尔·高缇耶(Daniel Gautier)博士,高缇耶博士研究泰坦大气多年,曾向法国航天局提议向泰坦发射太空船,但因项目重大,法国无法独立完成。于是,两位科学家的想法终于汇成了一个成熟的计划,并吸引了美国科学家托比·欧文(Toby Owen)加入,最终促成了 NASA 和 ESA 的合作,便是后来的卡西尼计划(Cassini mission)。

Professor Wing-Huen Ip became the Father of Saturn Exploration for his contribution to Cassini-Huygens mission. Wing-Huen Ip just began to work in the German institute in 1982 and ESA was asking the scientific team in Europe for the agreements about planetary exploration. Ip wrote down his theory on the whole Saturn System and many of his fellows were interested in it. Among them, French scientist Dr. Daniel Gautier, 10 years older than Ip, showed his keen interest. The ideas of the two scientists finally became a well-developed plan and American scientist Toby Owen decided to join. In the end, it contributed to the cooperation between NASA and ESA, which is called Cassini Mission later.

土星探测计划从提交计划书到 NASA 和 ESA 开始着手进行研究,只有不到半年的时间,但随后经过了漫长的科学探讨,直到七年后的 1989 年才正式立项。20 世纪七十年代末八十年代初正是人类太空探索的另一个高潮期。1977 年,《星球大战》系列电影第一部上映。这部具有划时代意义的科幻电影开启了那个年代人们对宇宙的直观幻想。而在科学领域,人类对外行星(木星、土星、金星、天王星、海王星)的探测热情也逐渐升温,NASA 在 1977 年发射的旅行者 1 号和 2 号,探索木星的伽利略计划随后在 1986 年实行。这些计划为卡西尼计划的实行奠定了可行性的基础,即便如此,在立项后,所需要的仪器制造仍是一个浩大的工程,于是,1997 年,叶永烜才等到了载着卡西尼号的火箭升空。又过了七年,卡西尼号才真正进入土星轨道。

2012 年 11 月 27 日,卡西尼号拍摄下直径 2000 千米,被称为土星之心的土星北极六边形喷射漩涡。On November 27th, 2012, Cassini captured the so called the heart of Saturn - a 2000 km-wide hexagon jet vortices at the north pole of Saturn. Data source: NASA/JPL-Caltech/Space Science Institute.

这仿佛是每一位科学家必须要经历的孤独等待。一篇报道中曾引用过叶永烜的一句话:"这是一门孤独的科学,只有像我这样的疯子才会去做。"但再次提起时,叶老却不记得自己是在什么样的情境下说出这句话。他笑言:"大概是你们记者修辞性的说法吧,我可能只说过自己是一个疯子。"不过,他表示大部分的科学研究最早的构思或想法可能源自一个人灵光一现的一个念头。"中学时,老师就鼓励我们做学问要自己耕耘,而最终的成果要放在公众面前进行审核。"

外星人会很浪漫吗?
WILL ALIENS BE ROMANTIC?

叶永烜曾提出,木星的卫星欧罗巴(Europa, 木卫二),与土星的卫星泰坦及恩塞勒德斯(Enceladus, 土卫二)是三个最有可能存在外星生物的星体。《自然》杂志对二氧化硅(SiO_2)构成的土卫二小尘埃,以及地下海洋海底热气的分析仿佛也在支持着该星体存在生命迹象的论点。但谈及人类何时能真正找到外星人,叶永烜教授给出的答案可能会令很多科幻爱好者感到失望,他首先连问了三个问题:"为什么要找外星人?外星人会很浪漫吗？会和人类拥抱、好好生活吗？"他以人类历史上文明间冲突可能会产生的毁灭性后果为例，用了一个巧妙的比喻："贸然寻找外星人的行为，就好像是我们还没有准备好，就去捅人家的马蜂窝。"

而关于太空探索的另一层想象便是关于在地球环境彻底恶化之后，人类需要通过向外太空探索寻找新的宜居星球，叶永烜教授却认为这只是文艺领域的理想化创作，即便找到另一个适合居住的行星，以人类目前的科技水平，抵达的可能性也几乎为零，《星际穿越》电影中也从时间等多个维度反映了这种难度。但他强调更多的是科学研究的责任，"寻找其他星球生存和治理地球环境相比哪个更容易？"他问，"地球的生存环境恶化，不可能到别的星球上去解决。"而他认为，人类对于外太空的探索其实是一种纯粹的科学上的追求，建立在对未知和自身起源的好奇心理。通过对其他星球的研究，可以将其他星球的发展阶段与地球进行对比，从而了解地球和人类的起源。

越来越不了解
MORE AND MORE DO NOT UNDERSTAND

叶永烜教授研究领域已转向天文，目前所从事的泛星计划（Pan-STARS），是一个国际合作的望远镜计划，台湾中央大学作为一个科学团队参与其中。泛星计划最早源于美国国会对小行星撞击地球的担心，于是由美国空军出资建造大型望远镜对全天区进行观测。"其中一个主要目标寻找超新星，超新星随时会爆炸，每晚在众多星系中可能会发生好几起，因此需要将望远镜扫过整个天空。正因为这种功能，同时也可以用来研究小行星及其他会移动的物体。"

在超过四十年的科研生涯中，叶永烜仍不认为自己可妄称权威，他也认为担不起"天文学家"这样的称谓，他更喜欢被称为天文工作者或是天文研究者。于是当被问道一个几乎所有采访专家都会被问到的stereotype式的问题"对所从事的研究工作有什么新的理解"时，他的回答是："我们所从

It lasted less than six month, from the proposal of Saturn exploration project to the beginning of the research. However, the scientific research took much longer. Seven years later, in 1989, the project was set up officially. And in 1997, Wing-Huen Ip witnessed the rocket carrying Cassini launch after many years of waiting. Another 7 years past, Cassini finally went into the Saturn orbit.

Talking about when human can find aliens, Professor Wing-Huen Ip gave the examples that in human history, the collision between the civilizations can lead to destruction. He said, "To look for the aliens rashly is like stirring up a hornets' nest when we are not ready yet." Another imagination about space exploration is to look for a new habitable planet after the environment of Earth is completely destroyed. Professor Ip emphasized the responsibility of scientific research when talking about this imagination. He thought the exploration of outer-space is a pure pursuit of science and it is based on the curiosity of the unknown, and our very own origins. By studying other planets, we can compare the development of their planets to ours, in order to discover more about our origin.

事的并不是一项古老不变的工作，而是每天都会有新的发展。结果反而会越来越糊涂，觉得自己越来越不了解，对自己感兴趣的东西就是这样。"

采访的最后，我们聊到，在卡西尼-惠更斯号和罗塞塔号等探测器发射时，它们还不"知道"平板电脑和智能手机是什么，但仍代表人类科技的前沿，也确实走到了人类未曾触及的空间，这仿佛是一种有趣的悖论。叶永烜教授表示，这恰好证明了人类的科技进步速度之快，太空计划从构想、建议，到实施，以及最终抵达星球，需要经过十几年，甚至数十年的准备。如卡西尼，它只能代表二三十年前的科技水平。"说到这里，他突然话锋一转："马云的阿里巴巴也是发展了15年才有今天的规模，我想给他一个挑战，希望他能投资太空计划，不知道他会不会愿意。你写信去问马云先生好了。（笑）"

gogo× 叶永烜

目前观测宇宙的主要途径是望远镜和探测器,这二者的区别是什么?

过去观测太空中的星体,只能在地面上用望远镜观测太空,但有些波段会被大气吸收,在地面上看不到,所以我们要将人造卫星、太空船发射到大气之外,这样才能看到我们想看的东西,包括 X 光、伽马射线、红外波段的观测,原则上都是要将望远镜放在人造卫星或者飞船上面。

1982 年,叶永烜(左一)和俄罗斯天文学家维克托·萨夫罗诺夫(右一)及米尔德里德·夏普利·马修在图度迷笛山上的合影。两年以后,叶永烜和胡里奥·费尔南德斯(Julio Fernandez)证明了萨夫罗诺夫有关行星轨道迁移的理论是错误的,从而形成了现在非常流行的太阳系初期演化尼斯(Nice)模型的基础。Wing-Huen Ip (on the left), Russian astronomer Viktor Safronov (on the right) and Mildred shapley Matthew were taking a picture on the mountain in 1982. Two years later, Ip and Julio Fernandez proved that Safronov's theory about planet orbit migration are falsed, which became the foundation of Nice model. Nice model tells about the early evolution of solar system and it's still popular nowadays.

卡西尼-惠更斯号已经服役 18 年,并经过几次延伸任务以后,计划 2017 年进入土星大气层,结束所有任务。请您评价一下目前卡西尼-惠更斯号取得的成就。

非常成功。过去对外行星的探测,首例成功的就是旅行者 1 号、2 号飞过木星、土星、天王星和海王星,但只是飞掠。后来要把飞船飞进这些行星系统,进入轨道中,才能做更详细的研究。伽利略号(Galileo)是 NASA 的木星探测任务,1995 年进入木星系统后由于技术上问题,基本计划是半失败的。比较之下,十年间,卡西尼号一直在正常运转,能取得一些非常重要的成果,比如土卫二地下海生物圈生存的环境,是非常了不起的。

探测器退役之后就不会回收了吗?比如旅行者号一样往太阳系外飞,所有的探测器都是这样吗?

旅行者号已经飞出太阳系,飞到太阳系和别的恒星系统之间的区域,卡西尼未来会进入土星大气,然后就烧掉了。

那么,在卡西尼结束任务之后还应该再发射新的土星探测器吗?

当然可以,人类去了月球多少次。科学的发展凡触及新的领域就产生越多的问题,没有止境。譬如说,未来让探测器围绕泰坦运转,研究它的大气层;或是思考是否有仪器能够降落到土卫二上,进入地下海,分析水分里是否含有机物质,是否真的有生物圈存在。这些都可以想象,但技术上比较困难,也要耗费大量经费。所以目前这种计划多为国际合作的方式,由不同国家的太空中心根据自己科学家兴趣和要求,分工合作,共享结果。

对于即将退役的卡西尼号,NASA 和 ESA 目前有后续的土星探测计划吗?

差不多五年前,就开始认证要回去土星,动机就是我刚才提到的。本来应该双方继续合作,但方向上出现了分歧。ESA 要去探索木星两个大卫星:一个是欧罗巴,猜想其地下海洋中有生物圈;另一个是盖尼米得(Ganymede,木卫三),是太阳系中最大的卫星,比水星大,本身存在磁场。ESA 决定研究木星系统,土星的计划就搁下了。NASA 也在研究用什么方式飞去木星和土星的方案,形成了很多方案,最早会在五年后发射探测器,预估拿到结果的最快时间是 2025 年,也就是十年之后。

从行星的探素上,木星和土星是人类探测器集中研究的两个星球吗?

也不是,刚才我们主要在说外行星,内行星中,水星已经有 NASA 的太空船,ESA 在几年之后会发射水星探测器。火星现在好几个国家都在研究,包含印度。金星还有 ESA 的太空船,月球也有是多个国家在进行计划。

2014 年 10 月 20 日,首次闯入内太阳系的 C/2013 A1 赛丁泉彗星飞掠火星,当时有包括 NASA、ESA、印度的七架火星探测器对这一奇观进行了观测,这是否说明了目前的探测器技术和规模都已经成熟到可以驾驭诸如此类的重大天文现象?

还不行,这只是一个偶然的事件。但对我们的启发是,在很长的历史时期,像这样的彗星、小行星飞过地球、火星、月球的机会很多,也表示说它们撞击的概率也很大,所以在火星和月球上留下了很多撞击形成的陨石坑,这个事情就是再次提醒我们小行星、彗星撞击地球的危险性。

除卡西尼-惠更斯号外,您还曾参加乔托号、深度撞击号、罗塞塔号等太空探测任务。在 2015 年 1 月美国《科学》杂志公布的 2014 年十大科学突破中,罗塞塔号彗星探测计划在众多重大突破中被列在首位,您认为原因是什么?

首先,罗塞塔计划代表一个很重要的成就,现在要再做一个罗塞塔计划,是否能满足时间、金钱和科学团队的要求,都是一个蛮大的问号。第二个是科学成果,罗塞塔拿到了很多一手的信息。第三个就是技术上的困难,罗塞塔的登陆器叫菲莱,人类要从地球发射一个登陆器,经过遥远的路途,登陆在只有几公里大小的小物体上,这应该说是一件很了不起的事情。

在您参与的众多探测器计划当中,有什么记忆犹新的经历?

最刺激的都不是记忆里的,而是现在所看到的资料和影像,都是原来所没有想象到的。

也就是说收获的成果远远超过预期?

应该是,科学研究初始产生想法,有理论模型,是否成立需要实验去认证。去彗星旁边照相、检测就是去实验,我们二三十年前所想彗星的样子和现在看到的可能是完全不一样的。对于彗星研究,罗塞塔号带来了革命性的资料。

ESA 每天会发布一张彗星照片,每天都不太一样。你们看这些照片和我们普通的科学爱好者的感受应该不太一样吧?

我们跟你们的想法都差不多一样。(笑)

对于登月计划您怎么看?

如果你家有三个房间,有一个房间总是关着门,你肯定要把它打开看看里面。我觉得月球就是地球的一个房间,虽然那里没有水又很难生活。可是就好像人类不出走非洲就没有前途一样,虽然走出第一步时对未来的后果和代价可能是完全没有估计的。所以我觉得人类对没有去过的地方有想要占有的欲

1990 年初,叶永烜在德国马普高空大气物理研究所大门前与几位年轻同事的合影,左至右分别为塔玛拉·鲁兹玛吉纳(Tamara Ruzmakina)、路易莎·拉腊(Luisa Lara)、达维娜·英纳斯(Davina Innes)和她的儿子,以及现任波兰科学院太空研究中心所长的马瑞科·巴纳兹季维奇(Marek Banazkiewicz)。At the beginning of 1990, Wing-Huen Ip was taking a photo with other colleagues in front of the Mapou upper atmosphere physics institute. From left to right are Tamara Ruzmakina, Luisa Lara, Davina Innes and her son, as well as Marek Banazkiewicz, director of the space research center, The Polish Academy of Science.

1995年,叶永烜在访问北京天文台时与汪琪院士(右)的合影。20年后,二人共同服务于由汪院士担任主编的《天文及天文物理》期刊(Research in Astronomy and Astrophysics)。Wing-Huen Ip visited Beijing in 1995 and took a photo with Acadamician Jingxiu Jiang(on the right). 20 years later, they worked together in the magazine Research in Astronomy and Astrophysics.

望,是人类之所以为人类的本质。

从人类开始探索宇宙,就有反对的声音,其中一个论点是认为我们对自己生存的地球尚不了解,为什么要探索外太空。您对这样一种声音有什么看法?

其实有很多人都问过,宇宙探索时间长而且花费大为什么还要去做?能问出这个问题本身就相当于一个回答,人类跟其他动物不一样的其中一个特质就是,人类大脑有个机制是会想问题、问问题,进而接受教育,这样才会有创新。所以,我们要做基础研究,目的就是要营造创新的环境,没有创新社会和国家就不会前进。科学,包括天文问题可以算是人类大脑能够达到的最高层次。就好像牛顿看到苹果落下来从而发现牛顿定律,是一个抽象的过程,会引发后续的发现。

航天计划的范围在地球之外,到月球去,到火星去……人类从非洲起源,一路向外走,到亚洲、欧洲、大洋洲……足迹基本遍布地球大部分的面积,下一步是怎样?所以才会问要不要去太空,抵达月球或火星。还是源于人类自发的好奇心和探索的本能欲望。

是,人类能够成功往前走就是源于这样一点点的想法,所以科学家不用惭愧花了很多钱,看到记者来就惭愧地跑了,不必要这样。(笑)

而且,做科学工作一定要有社会责任的。很多人会有疑问,花这么多钱做科学研究对我有什么好处?以我的工作为例,因为我的研究领域是小行星。很多天文学家到后来,在回答天文学对人类生存有什么贡献时,都会提到排除小行星碰撞地球的危险,把小行星从轨道移开或是把它破坏掉。此外,小行星本身也代表很大的财富,因为它上面富含大量地球上很难找到的金属和稀有物质,可以应用在手机这种常见的物品中。也许在十年二十年之内,去小行星采矿会成为一个很重要的项目。这些资源对科技发展很有帮助。

这个角度来说,天文学和宇宙探索与普通人的关系还是很密切的,并不是遥不可及的话题。

对,再举个例子,太空站中装备的机械臂,花费了大量资金,从二三十年前就开始构想和设计,完全是为了服务航天计划,如NASA的"太空飞梭"计划。这项技术配合了人工智能,已经被应用在了医学上,现在很多精密的、人无法操作的手术就采用这项技术。这只是太空技术民用很多例子中的一个。

探测器,比如冥王星的探测器新视野号在执行任务的过程中会出现休眠、主电板耗尽等现象,普通人会认为充满诗意,一些科幻电影也是从这些角度进行构思。那么作为像您这样的科学家,你们在研究过程中

gogo × Wing-Huen Ip

Among the detecting plans you participated in, which experience remained fresh in your memory?
TThe most exciting experiences do not remain in the memory. The information, videos and images that we often see now were unimaginable before.
Do you mean we have gained much more than we have expected?
Ilt should be. First we come up with the ideas of scientific research and the theoretical models, but then we need to approve it. Shooting and detecting beside the comet is researching. The way we thought comets would look like can be totally different with what we see today. And Rosetta brought us the revolutionary data about the comet.
What do you think of Moon Project?
If you have three bedrooms in your home, and one of them always keeps shutting, you must want to open it. Moon is like a bedroom of Earth, even though there is no water and it's hard to live there. Humans were eager to walk out of Africa. They took their first step, not knowing any consequence and what the future entails. So I think people are possessive to the places they have never been to and this is the nature that makes us human.
There were always dissenting voices from the very beginning of space exploration. One of the arguments is that we have yet to fully discover our own planet so it is not necessary to explore the universe. How do you feel?
Many people would ask why we continue the exploration of the universe even though it cost much time and money. When asking this question, they are answering themselves. Human beings are different from animals and one of the special characters of us is the ability to ask questions. Our brain enables us to think, to ask and to learn, so that we can innovate. Hence, we do basic study to create the environment for innovation. Societies and countries will no develop

是否也会带入情感,或者是纯理性对待?

诗意报道的一定是文学家。(笑)这个事情其实很简单,从地球到冥王星的路途中没有太多东西可以观测,如果要观测做研究,科学家是要跟NASA要薪水,NASA也没钱,不想让科学家拿薪水不做事,就把太空船里很多的仪器关掉,其实是一个省钱的做法。所以说这些都是根据科学的计算才进行的既定程序,并没掺杂太多的情感。

我们千万不能有情感。

很多人并不理解科学家的日常生活,美剧《生活大爆炸》展现了一些高智商Geek的生活方式,那么能否介绍一下您平常一天的时间分配是怎样的?

跟普通人没有两样。(笑)我早上起来吃早餐,准备教课、杂事,吃中饭,然后等着睡觉。

without innovation. Science, including astronomy, is the highest level that our brains can reach. It is an abstract process: just like when Newton found the laws of motion when he saw the apple falling from the tree. There are still a lot that can be found following up. Space program is carrying out beyond the Earth and it will go to the Moon, to the Mars... Humans came from Africa to Asia, Europe, Oceania... And now our footprints can be found in most areas on Earth. But what's next? Here comes the question asked before.
It originated from the our curiosity and the nature to explore.
Yes. Humanity's success originates from this. So scientists should not be ashamed that they have spent large quantities of money and there is no need to run away from the journalists shamefully. They must have social responsibility. Many people may ask how do we benefit from these scientific researches? Take my job for example. My field of study is asteroid. Like many astronomers, when asked this question, would mention the prevention of an asteroid collision with Earth. It is our jobs to figure how to knock an asteroid off its collision course. Otherwise, there are large amount of treasure on the minor planets. Rich metals and the rare materials can be found on it. They can be used in mobile phone production. Perhaps within 10 or 20 years in the future mining on the minor planets will become an important project. The resources invested are very important to technological developments.

2011年叶永烜在访问南京紫金山天文台时与青年研究者合影。Wing-Huen Ip was visiting Mt. Zijin Observatory, Nanjing in 2001. He took photos with the young researchers.

卡西尼号的"blue dot"。2003年7月19日，卡西尼号的广角镜头捕捉到了土星环、地球、月球在同一画面的情景，此时，卡西尼号距离地球14.4亿千米。The "blue dot" of Cassini. On July 19th, 2003, Cassini captured one picture with wide-angle lens. The ring of Saturn, the Earth and the moon are all in this one picture. At that moment, Cassini was 1 billion 440 million kilometers away from Earth. Data source: NASA/JPL-Caltech/Space Science Institute

From Nikola Tesla's Talking with the Planets to Elon Musk's Mars Oasis

埃隆·马斯克 VS. 尼古拉·特斯拉：跨越一个世纪的火星对话

o | 撰文　SpaceX、The Tesla Memorial Society | 图片提供

2012 年 5 月，"龙飞船"进入太空，完成了它具备历史性的第一步。这艘人类史上第一个研发自私人公司的飞船，名字来自美国名谣《Puff, The Magic Dragon》里的那条"小神龙"。而就在这几个月间，为"人类踏出一大步"的宇航员逝世。龙飞船的缔造者，SpaceX 创办人兼总裁埃隆·马斯克推特发道，"尼尔·阿姆斯特朗是全人类的英雄。他的精神将继续引领我们穿越星际。"就像埃隆说的，人类仍然手握前人的痴梦。然而探索太空的历史却似乎已经和这只"小神龙"一起驶进另一世代。

On 1st January 1901, *The New York Journal and Advertizer* headlined, 'Has Nikola Tesla spoken with Mars?' The 'father of electrical age' has forecast in his writing *Talking with the Planets:* 'The desire to know something of our neighbors in the immense depths of space does not spring from idle curiosity nor from thirst for knowledge, but from a deeper cause, and it is a feeling firmly rooted in the heart of every human being capable of thinking at all.'

A half century after the footstep of Neil Armstrong, this deeper cause finally has an answer. Realizing there were no crewed mission to Mars on the books of NASA in 2001, Elon Musk had an idea of landing a miniature experimental greenhouse on Martian regolith - a 'Mars Oasis' project, which has evolved later into the very first commercialization of NASA partnership business: SpaceX. With the long-term ambition for multi-planetary migration, this futuristic entrepreneur targets to re-launch a new dawn of spacefaring civilization in case of the implosion of human empire on the ever-endangered Earth. As the CEO of Tesla Motors, Elon has not only expended the supercharging green-power of their AC induction motor inventor (Nikola got the patent in 1888) as the primary solution for the global warming, but also put Nikola's wireless 'teleforce' experiments on the interstellar communication into practice – testing the reusable rocket to secure a two-way ticket for the 2040 Space Odyssey. From Nicola's VTOL 'Apparatus for Aerial Transportation' to Elon's Falcon & Dragon, it is truly a long distance wake-up call of Mars dialogue across a century.

被社交网络宣告的多星种人类时代

2012 年 5 月 22 日：

"航站自动程序启动，倒数 60 秒 # 龙（飞船）发射。"

"猎鹰（火箭）完美飞行！！龙进入轨道！！感觉如背负的重担刚卸下 :)"

"非常感谢 @ NASA，没他们，我们根本没可能出发，更别说去到那么遥远。"

5 月 23 日：

"龙飞船预计加州时间 12:47am 飞越太空站。"

5 月 24 日：

"总统刚来电道贺。因来电显示被屏蔽，我还以为是电话推销员 :)"

"@ SpaceX 此刻从太空站远望，龙飞船就如一个小点。"

"@ NASA @ SpaceX # 太空舱以 2.5 千米距离经过 # ISS 底下，完成今日所有要展示的目标。"

5 月 25 日：

"国际太空站捕获龙的照片！实在棒极了……"

这是 SpaceX 创办人兼总裁埃隆·马斯克（Elon Musk）那关键几天所发的推特。5 个月后，龙飞船完成美国宇航局委派的首项生意：将货物送抵国际太空站。就在这几个月间，为"人类踏出一大步"的宇航员尼尔·阿姆斯特朗逝世。当这"个人一小步"化为尘埃，正式宣告登月年代终结之时，SpaceX 亦为另一世纪的私营航天年代揭开序幕。与阿姆斯特朗回望地球视野有别，"龙飞船"的目标可比月球遥远千倍，国际太空站不过是练习大跃进的"蹦床"：SpaceX 与 NASA 合作的"红龙"（Red Dragon）火星任务，原定预计 2018 年启航（当地球和火星处于最短距离 35,800,000 英里），为红色星球生命存活寻找据证。然而，埃隆的野心甚或使命感，却是可往返的星际大迁徙——他相信，到了 2040 年，火星已准备好让人类定居。媒体报导着这位野心家的说法：一世纪的火星殖民工程，需要上百万不同界别的人协助建设，即每年得送走 80K+"新移民"，再加上大量物资材料，也许是超级飞船十万次的"星际迷航"。他在推特解释到："我知道这听起来多疯狂，我不认为 SpaceX 能独力进行。但如果人类希望成为'多星球'（Multiplanetary）物种，我们先必须解决如何将百万人送去火星。"他又澄清："我并非要执行什么火星殖民（也没这能力），我只致力于在技术性上把人类送抵那里。"其实，他已尝试设想一个在其离世后仍能继续任务的 SpaceX。

当理查德·布兰森、杰夫·贝佐斯或 Mars One 的 Bas Lansdorp 等企业家正积极开发消费太空或火星的旅游大业，收取天价的"单程票"要让旅客送死时，埃隆的保险"双程票"愿景却有着某种急切和关键性：一旦地球有天突然灭绝，他构想的"火星殖民运输器"能在远方开拓人类新文明。这位火箭公司 CTO"技术总裁"兼猎鹰主设计师的宇宙观，可谓深受生物化学教授艾萨克·阿西莫夫所影响。去年底他又重读其科幻小说《基地》系列，埃隆认为，《基地》是《罗马帝国衰亡史》未来版："历史教诲启示，文明不断在循环中回转。"在地质学家提出的"人类世"纪元（Anthropocene）高峰，能将衰亡风险降至最低的，他深信答案就在科技中，太空运输系统正是延伸人类生命意识关键一步。

从 2002 年创立 SpaceX 到去年获宇航局批准使用阿波罗 11 号历史发射台并发"多星球文明梦"，其间历经种种硬着陆、溅落、爆炸性的挫败，埃隆亦无畏在推特直播：

"无论今日发生什么，没有 @NASA 我们永没法做到，但错误

"F9 火箭整流装置在世上最大真空室（足以容纳一架城巴）作分体测试"

埃隆与友人分享"形而上奶昔"

"喜欢这张龙穿越地球暗面对接国际太空站的影像"

"F9-R 升级原型首次发射，过百万磅猛力，足以举起摩天大楼"

"从火箭上半截后视镜头观望 8000 公里外的地球"

"F9 和 SES-8 卫星从卡纳维拉尔角 SpaceX 发射台起飞"

F9 载着"泰星 6 号"向地球同步转移轨道出发

来自我们这边，特别是我。"

"发射取消，燃烧舱压力稍高。将推迟几日倒数。"

"下一代猎鹰 9 号示范了多种新科技，因此失败的可能性也很重要。"

"可再用猎鹰 9 号（F9R）在测试中自动中止，没损坏（但差一点）。火箭是棘手事……"

"人工中止计划。宁多疑猜错。将火箭带回管道机组……"

"溅落！载着 3276 磅国际太空站物资及科学样本，龙坠入太平洋。"

"超级暴风阻碍驳船浮台（droneship）停留，火箭将尝试坠海。生还可能性 <1%。"

失落的火星痴梦

SpaceX 的起源，始于 2001 年某个夜深，当时仍是 PayPal 创办人的埃隆搜索 NASA 网站，发现竟没任何未来载人火星计划，于是红色浮土上实验耕作的"火星绿洲"就在其脑中萌芽。

2006 年，诺兰导演的《致命魔术》（The Prestige），大卫·鲍伊罕有地出演尼古拉·特斯拉。休·杰克曼和克里斯蒂安·贝尔饰演两位魔术师大斗法的窍门，正是尼古拉在科罗拉多实验室发明的"瞬间转移"或"远距传送"（Teleportation）装置。此概念，首先出现在 Charles Fort 1931 年的书《Lo!》，意指不正常消失后在另一地方再现，后因《星际迷航》"Beam me up, Scotty"而进入大众意识。"如果他在做梦，至少梦得正确。"当年法国雷达工程师 Émile Girardeau 给予对手尼古拉·特斯拉（Nikola Tesla）的评语，同样适用于埃隆。"电力年代之父"如果是粉丝眼中上世纪最 cult 的"怪咖"，那么从某种意义上看，埃隆也可能是 21 世纪的尼古拉，但拥有"Double Degrees"——双学位（物理和经济）带来双重力度，因此更懂将科学以天文速度经济化，比如研制可重复使用的火箭。两人的交接点发生在埃隆最终成为特斯拉汽车公司（Tesla Motors）总裁，特斯拉跑车的交流发电机源头正是尼古拉发明。

拥有全球近三百项发明专利，怪咖电机工程师对外星的想象，绝不是随意天花乱坠。1901 年 1 月 1 日，纽约一则标题为《尼古拉·特斯拉跟火星讲话？》的新闻中引述了尼古拉对未来百年将带来什么重大发现的看法："有一意念主导我的大脑，即使模糊不确定，却给予我深切信念及先见——不久将来，地球上所有眼睛，将带着爱与尊崇之意凝视苍穹，为这消息振奋：'我已收到来自另一世界的短讯，遥远且未知，它显示：1—2—3。'""电机奇才能否以某种神秘方式接收来自火星的讯号？"报章抛出这样的反问并解释道，数月前尼古拉于远离人迹的科罗拉多山脉中进行多项实验，这期间他把"其他星球是否有生物居住？"这个把玩多年的梦想理出头绪。

这则爆炸性新闻引发了欧美科学家和天文学者的争拗和嘲讽，有专家认为这说法太荒诞无知。尼古拉回应，"我们没理由怀疑太阳系二十或二十五颗行星的进化比人类先进"，他正实验以地球作传送导体与外星沟通的方法。尼古拉在《与行星交谈》中写道："与其他世界居民沟通的概念并不新鲜，但良久以来仅被视为诗人的空想。随着望远镜技术的完善，苍穹的知识不断拓阔我们的想象。19 世纪后期的科学成就以至歌德对自然理念的发展趋势，亦强化了这种想象，仿佛注定成为新世纪的主导概念。想了解这些深邃太空邻居的欲望，并非出自闲散好奇或纯粹知识渴求，而是来自

"刚发现两位大学毕业生制作的好捧特斯拉广告'现代宇宙飞船'，我喜欢！"

"溅落！载着 3500 磅国际太空站物资，龙坠入太平洋。"

"龙明早 6:00am 回家，可看它离开太空站的直播。"

"龙正在停靠国际太空站，四星期后回家。"

"发射！！F9 号载龙从卡纳维拉尔角起飞，为太空站补给。"

"回家。"

"龙溅落加州海岸。"

"F9 以 1.3 百万磅力度发射。"

"高清,颜色已修正,火箭着陆慢镜。"

更深层原因,这种感觉亦植根于晓思辨的人类心底。"他又反驳各种冷嘲热讽:"太阳系中似乎只有金星和火星能维持如我们一样的生命,但这并不代表其他生命形态不能存在,化学作用在缺氧下可能仍能运作,冰封行星上的智慧生物可能居住在内部而非表层。"他认为,人类不应受我们对生命概念的认知所束缚限制。

尼古拉与星际沟通的欲望从未停止,1907 年《纽约世界》杂志以标题《以尼亚加拉声音与火星通话》报道尼古拉企图与尼亚加拉电力公司合作(尼亚加拉水电站以其专利发明所兴建),以 800,000,000 马力发射穿越 100,000,000 英里的讯号,接连地球与火星的鸿沟;《英国机械与科学世界》报道尼古拉在纽约长岛兴建的无线电塔 Wardenclyffe Tower(又称 Tesla Tower),亦为发射远距电波准备就绪。当时他致函《纽约时报》回应抨击:"人类仍可依赖地球中心论继续前进,不过天文学家的工作将会受挫,因部份推论基于谬误假设之上——只要认知准确,我们的逻辑就是真的——这样,我们永没法洞悉事物的隐密本质。毕竟,无人能估计,一个人所传递的知识,对人类思想发展以至将来的发展起着怎样的作用。"72 岁尼古拉最后一项专利发明是关于空中运输方法:VTOL(vetical take-off and landing)aircraft,垂直起降飞行器。即使"火星交流"之梦最终没能实现,但老人家离世后真的冲上苍穹成为跨星际一份子:月球陨坑以其命名,还有小行星"2244 Tesla"。

太空偏执者跨越世纪的对谈

80 后漫画人 Matthew Inman 2012 年发起众筹,希望抢救 Wardenclyffe Tower 原址,修建成特斯拉科学中心,捐款者包括埃隆。后来漫画人在网站刊登《评价梦幻太空车 Model S》,又绘画以尼古拉和埃隆为主角的下集《Man Vs Motor》并转发到埃隆的推特,邀他继续捐款,将科学中心变成博物馆。这位汽车老板回应:"很高兴能为特斯拉博物馆作出贡献,他是个伟大人物。"捐出百万美元之余,埃隆更承诺在博物馆外建造超级充电站,让它成为这电动车品牌全球充电网络一员,期望可吸引更多"在路上"的参观者。

埃隆并非外星人信徒。"如果金字塔是外星人建造,他们总该留下计算机或其他什么",然后他又不忘幽自己一默,"关于我正在建造宇宙飞船返回老家火星的谣言完全不真实。"但埃隆与尼古拉两位超级工作狂(一个被视为"疯狂企业家",另一被看作"疯狂科学家"原型),对火星的渴想和实干态度,的确有不少可"交流通电"之处。

尼古拉将所有专利版税收入投资到实验和发明,逝世时欠下一身债;埃隆将 PayPal 赚来的 1 亿美元投入 SpaceX,2008 年 SpaceX 和特斯拉汽车差点让他溅落深海,他说,"如果你只跟权力打滚,革命是不会发生,得为你所相信而战";早就预视"国际冲突源自地球中心论无尽扩张"的尼古拉晚年成为素食者;埃隆

相信气候变化的罪魁祸首就是人类,力推电动车之余,亦投资太阳能供应系统 SolarCity,就像他年初所发推特说的:"不能再拖,得开展首要任务,发射'深空气候观察台宇宙飞船'。"他又解释,"如果你看过 @ TheSimpsons 后奇怪为何 @SpaceX 不使用电动火箭,原因是,根据牛顿第三定律,这是绝不可能";尼古拉早就公开示范他称之为"Teleautomaton"的无线电波遥控船、实验电磁波时空传输;埃隆正研发未来运输形态 Hyperloop,他称之为"假想的亚音速飞行器",以最高时速 1220km 为火星大迁徙作好准备。

从麦迪逊公园的遥控小船到全球化特斯拉电动车,从上世纪电力之战到新一轮商营航天竞赛,尼古拉精神似乎在"微星球"(其故乡贝尔格莱德尼古拉·特斯拉博物馆内的镀金球体骨灰瓮)内持续发功:"每个生物都是驱动宇宙齿轮的小引擎。即使看似只受当前周遭环境左右,然而星球的外在影响已延伸至无尽远方。"

2015 年 4 月 14 日,SpaceX 为太空站执行第六次补给任务(其中包括为宇航员特制的咖啡机)再次受各地媒体关注,因这已是猎鹰 9 号第三次尝试回收及精准着陆,虽期望再度告吹。

埃隆在推特直播:

"火箭今日成功着陆的机会仍少于 50%,经多次测试后,年底成功率将是 80%。"

"因靠近的大片云层有雷电风险,发射延期。"

4 月 15 日:

"成功上升,龙正往太空站途中。火箭在驳船浮台着陆太硬,难以幸存。"

"Ok,我们收到来自追踪机看似的凶片片段。大海,小船。很快会转贴。"

埃隆口中的"小船",正是回收猎鹰 9 号垂直降落的驳船浮台(ASDS, Autonomous Spaceport Drone Ship),也是其远距传送"多星球"梦的窍门。年初首次测试失败后的维修,埃隆把它命名"只阅读指令"(Just Read the Instructions),并在甲板涂上大名,示意火箭要瞄准指令。西岸另一正在建造的姊妹船则命名"当然我仍爱你"(Of course I Still Love You)。两个呼号,取自 Iain Banks 的科幻小说《文化》系列第二部《游戏玩家》中,人工智能指挥的宇宙飞船。埃隆如此形容这位神级作家的野心之作:"半乌托邦式宏大星际未来的景象,令人折服,只望对人工智能不要过乐观。"

在这个后物质年代的银河星系社会中,机器人类、外星者和人工智能各自过着仿似无政府主义生活,当然,文明的理想总会受到各种挑战。这也是埃隆孤注一掷憧憬的大未来。

2014年1月6日，SpaceX 成功发射泰国通信公共公司的 THAICOM 6（泰星6号），标志着升级版猎鹰9号完成第二次 GTO（地球同步转移轨道）飞行。
On January 6th, 2014, SpaceX succeeded in launching THAICOM 6 of THAICOM Public Company. It marked the achievement of the upgraded Falcon 9's second GTO flight .

下一代载人龙飞船（Crew Dragon）内部首次曝光，能将七位宇航员送至地球轨道以外，可推进式着陆地球，补给燃料后可迅速再次飞行，将为21世纪太空探索带来新革命。This interior of the next generation of Crew Dragon was firstly opened to the public. It can send 7 astronauts out of Earth's orbit and land on Earth in a propelled way. After refueled, it can soon fly again. That brings the new revolution to 21st century space exploration.

2014年4月18日，猎鹰9号和龙飞船CRS-3在佛罗里达州卡纳维拉尔角空军基地发射，为轨道实验室进行第三次NASA商运补给任务。2014年5月14日，龙在降落伞协助下溅落南加州海岸，成为唯一能将物资包括实验品带回地球的可再用飞船。On April 18th, 2014, Falcon 9 and Dragon spaceship CRS-3 was launched at Cape Canaveral Air Force Station, Florida, fulfilling NASA commercial mission - orbiting laboratory supplying for the third time. On May 14th, 2014, Dragon landed on the beach of southern California with the help of parachutes. It became the only one recyclable spaceship that has brought goods and materials back to earth.

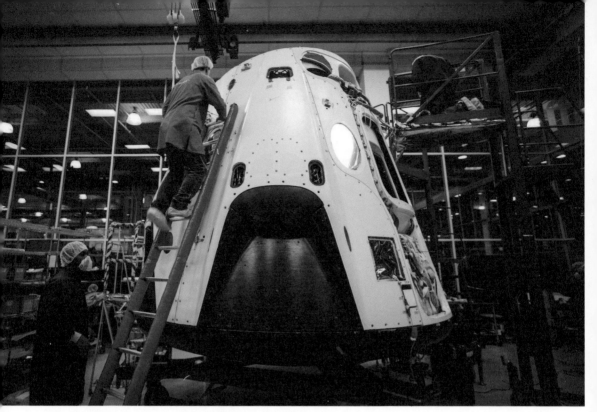

下一代载人龙飞船（Crew Dragon）为试飞准备就绪，逃生系统将运抵佛罗里达州。The next generations of Crew Dragon are ready for the trial flight. The escape system will be sent to Florida.

正在准备进行测试的猎鹰9号。Falcon 9 is ready for the test.

01

01~02 → 1899-1900 年：尼古拉在科罗拉多山上兴建实验室，因为纯净空气让实验高频高压、大气电、人工闪电和无线传输更有效，在此生产过 135 英尺长的火花、11 万马力的电流，附近居民和动物都感受到他所谓的"地球脉搏"，其助手更担心会被电死。某个晚上，他发现莫名讯号干扰。"我感觉到新知识仿佛诞生，或者真理正在揭示，这神秘东西将对人类有着难以估计的影响。" 1899-1900: Nikola built laboratory on Colorado Mountain. The pure air can make high frequency high voltage, atmospheric electricity, artificial lightening and wireless transmission more effective. The 135-foot-long sparkle and 110 thousand-power electric current was born out there. Neighbors and animals around could feel his so called "pulse of Earth" and one of his assistants was worried about electrocution. One night, he found unexplainable signal disturb. "I felt the new knowledge was born or the truth was about to be uncovered. This mysterious thing may have inestimable effect on humans."

02

03

03 → 1901 年：纽约科幻杂志《新黄金时刻》连载 J. Weldon Cobb 短篇《跟特斯拉去火星，或，神秘隐匿世界》，现实中"电流之战"的死敌爱迪生竟当上尼古拉助手，两人被疯狂科学家劫上宇宙飞船，当科学家声称着陆火星，尼古拉知道那只是美国西部某大坑。两人逃出生天后向火星发放讯号，故事以等待火星回音作结。1901: New York sci-fi magazine The New Golden Hours serialized the short stories of J. Weldon Cobb, To Mars with Tesla. Edison was Nikola's enemy of electric battle in the reality. But he became an assistant of Nikola and they both were kidnapped onto a spaceship by an insane scientist. When the scientist announced they were landing on Mars, Nikola knew it was just a big hole in western America. They escaped and sent a signal to Mars and the story ended in waiting for the response from Mars.

04 → 1917 年 在 J.P. 摩根投资下，尼古拉 1900 年开始计划兴建 187 英尺高的无线电塔 Wardenclyffe Tower，落实以地球作导体的想法，企图将电报讯息传送至英国。主建筑大楼内设有实验室、图书馆以及各种机电包括 X-ray 装置等，后因设计大改导致资金出现问题，1917 年电塔还未正式建成便被地主炸掉。1917: Under the investment of J.P.Morgan, Wardenclyffe Tower, the 187-foot-high wireless electric tower Nikola planned to build since 1900, confirmed the idea of using Earth as a conductor. It attempted to send telegram to England. There were laboratory, library and all kinds of devices including X-ray in the main building. Later the tower was terminated due to lack of funding.

05~07 → 1946 年:《黄金年代》漫画杂志中的〈科学先知〉，以 6 页简略介绍尼古拉传奇一生。作者说，这位被遗忘的天才引领电力革命，并预示了无线遥控、雷达以及电视的出现。但大多科学家都质疑他的某些想法，比如向行星传递讯息、以电脉冲控制沙漠湿度、可终止所有战争的超级武器"死亡光束"。其超越时代的科学实验只待时间去证明。1946: 6 pages in Golden Age Comic, Prophet of Science, were briefing the legend of Nikola. This forgotten genius has led the revolution of electricity and predicted wireless remote control, radar and the appearance of TV. Most of the scientists have questioned his thoughts, but experiments ahead of its time can only be proven by time itself.

58-59

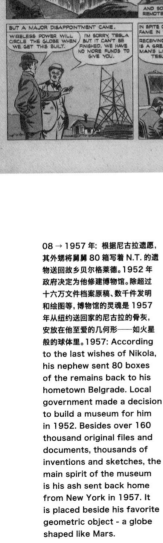

08 → 1957 年：根据尼古拉遗愿，其外甥将舅舅 80 箱写着 N.T. 的遗物送回故乡贝尔格莱德。1952 年政府决定为他修建博物馆。除超过十六万文件档案原稿、数千件发明和绘图等，博物馆的灵魂是 1957 年从纽约送回家的尼古拉的骨灰，安放在他至爱的几何形——如火星般的球体里。1957: According to the last wishes of Nikola, his nephew sent 80 boxes of the remains back to his hometown Belgrade. Local government made a decision to build a museum for him in 1952. Besides over 160 thousand original files and documents, thousands of inventions and sketches, the main spirit of the museum is his ash sent back home from New York in 1957. It is placed beside his favorite geometric object - a globe shaped like Mars.

09 → 2010 年：4 月 15 日总统奥巴马参观当时位于佛罗里达州卡纳维拉尔角空军基地的 SpaceX 总部。2010: On April 15th, president Obama presented at the headquarter of SpaceX in Cape Canaveral Air Force Station, Florida.

4

The Trend in the Second Space Age: Walking Out of the Ivory Tower

第二世代里的太空潮：走出象牙塔

侯云亮、alka | 撰文　徐晴 | 编辑
Virgin Galactic、Spaceport America、Spaceport Houston | 图片提供

1960 年代，卫星、飞船、宠物、人类被一一发射入太空，未知宇宙成了整个世界为之狂热的主题。不过大跃进式的太空繁荣没有撑过而立之年，前苏联用二十多年见证了围困在军工象牙塔里的航天工业终究不能长命，而在美国人看似健全而庞杂的体系里，历经惨剧的航天飞机项目也在争议声中落幕。直到 2008 年，美国总统奥巴马呼吁通过私人航天运营项目填补航天飞机退役后太空运输大军的短缺，人们看到了一个全新姿态的太空篇章似乎即将打开。

1.0 时代：坠入太空语境的地球

1968 年，斯坦利·库布里克（Stanley Kubrick）和阿瑟·查理斯·克拉克（Arthur Charles Clarke）共同构想了《2001：太空漫游》的小说和剧本：神秘的黑色石碑从平原升起，人类的祖先们欢呼雀跃，且不说这是在指代什么形而上的论调，这块黑石碑倒是确切地标示了太空世纪鼎盛时期的到来。从 1957 年苏联朝未知的天空发射人造地球卫星 1 号（Sputnikl）开始，人类对太空的幻想开始了从未有过的底气十足。之后的十年里，伴随苏美冷战，属于两个国家的太空争霸让整个地球陷入太空寓言，人们为卧室换上了画满宇航员的床单；玩具公司会根据时下最热门的太空话题更新玩具：仿照"阿波罗"计划制作的玩具飞船能够通过电池的驱动让宇航员从舱内举着摄像机走出来。电影里的尼弥西斯式的健美女神也换上暴露性感的宇航服去外太空拯救人类……人们也许没那么关心前苏联花上国家一半以上的国民经济收入放到宇宙中是否值得，却乐意对最近新发现的外星人传闻侃侃而谈。

相比于阿波罗计划的首次登月，对于持续将近二十年之久的太空热，也许 1975 年的阿波罗 - 联盟测试计划（Apollo-Soyuz Test Project (ASTP)）更值得纪念，它由三名美方宇航员和两名苏方宇航员共同完成，同时也是阿波罗计划和联盟计划各自执行最后一次任务，当双方的指令长托·斯塔福德和阿·列昂诺夫在联盟号舱门连接处握手的时候，标志着这场争霸终以平局结束。

回归平静的太空探索仍在继续，但未来却好像被覆盖上薄雾。源于计划经济体制内的前苏联航天工业，之前完全被纳入国防军工体系，依赖苏维埃政府财政投入运行，导致在冷战后元气大伤。1980 年代，前苏联曾经试图用"军转民"的方式缓解军工产业的压力，但最终因为国内的经济危机而以失败告终。苏联解体后，航天产业的陈年旧账被新生的东欧国家们分解，当年的专家们也纷纷远去他国。美国的情况似乎要好得多，由国会和国家宇航局，牵动全国商业体、研究所和大学的机制看起来颇为健全。也让后冷战时期的美国宇航很快就翻开了新一页。

从空中鸟瞰太空港。Overlooking Spaceport America

In 1960s, satellites, spaceship, pets and humans were sent to space. The whole world were fanatic about the unknown universe. However, the prosperity of the Space Age was not long-lived. For over 20 years, the former Soviet Union witnessed the dwindling of the space industry besieged in the military ivory tower. While in the seemingly sound American system, the space shuttle program experienced several tragedies and ended in controversy. In 2008, president Obama appealed to fill up the shortage of the space transportation force with private sector space operation after the retirement of the shuttles. A brand new chapter of space exploration has begun.

被比喻成"太空卡车"的航天飞机作为冷战时期的遗腹子，在1981年首次发射成功。其实早在尼尔·阿姆斯特朗登上月球的1969年，当时的美国总统尼克松就宣布启动了航天飞机计划，它的目的在于为计划设立的太空空间站建立一支超级运输队，他们设想中的航天飞机一次可以把30吨的物资送上太空，并且可以通过重复使用来消解成本，高效又廉价，能让美国迅速掌握太空之路的控制权。

第一次上天的航天飞机"哥伦比亚"号在太空飞行了54小时后回到地球。然而"哥伦比亚号"的勇敢首发似乎也注明了它悲剧式的命运，在22年历经28次飞行纪录后，这艘航天飞机在执行完任务返回地球时与控制中心失去联络，在得克萨斯州上空解体，机上7人全部遇难。这个21世纪开篇的航天丑闻，让人们开始重新思考探索外太空的价值。

这件事过去8年后，"奋进"号航天飞机启程前往国际空间站补给物资，美国宇航局宣布"奋进号"将在返航后正式除役，这次任务的徽章是从自由女神像头顶飞跃而出的"奋进"号，似乎也昭告着这次谢幕之旅仍然饱含美国精神。如今，退役的航天飞机们被送进博物馆，曾经负责将落地后的航天飞机带回肯尼迪宇航中心的运输飞机也被改造成博物馆。

建在新墨西哥州荒原上的美国太空港，由 Foster + Partners 事务所设计，占地 120,000 平方英尺。
Spaceport America was built in the New Mexico desert, designed by Foster + Partners, 120,000 square feet.

2.0 时代：通天路开门迎客

其实早在 2008 年，美国宇航局就已经和私营航天企业 SpaceX 签署了一项涉及 16 亿美元的合同，来接替完成航天飞机退役后，国际空间站的补给工作。美国总统奥巴马发话，希望能通过发展私营航天来填补航天飞机计划结束后与新计划出现前的断档。这之后，"商业"、"私人"、"市场"成了人类航天史上的新关键词。人们从 SpaceX CEO 埃隆·马斯克（Elon Musk）对未来私人宇航前景的信心满满里看到了探索宇宙终于走下了权威神坛。

当然拥有伟大愿景的冒险家不止埃隆·马斯克一个，一手创立维珍（Virgin）品牌的理查德·布兰森（Richard Branson）爵士在 2004 年便正式涉足航天业。这个曾经自己驾驶热气球飞跃太平洋的英国航空大亨，一上来就瞄准私人太空旅游。"Virgin Galactic"准备让更多人负担得起上太空观光，而不是在家里收看哈勃望远镜每天传回的宇宙图片。交上 20 万美元，便可以和其他 5 个乘客一起像坐飞机一样踏上旅程，目前已经预定这趟行程的客户包括 Brad Pitt 和 Angelina Jolie 等名人。

另一家专注于"平价太空游"的宇航公司 Xcor 则起步更早，它成立于 1999 年，从那时就开始研究可以把私人送上太空的火箭。如今他们和 SCX（探索旅行）公司合作的 LNYX 山猫号"太空体验飞行游"已经上架开卖，10 万美金的价格也显然更加诱人。另外，这也是唯一一家面对中国地区开放太空游的公司。乐于营造亲民形象的他们，找来邓紫棋、韩庚等等青少年偶像为其站台，吸引更年轻的消费者。

除了商业投资的航空项目，各地政府亦对商业宇航这块肥肉虎视眈眈，世界上第一个供商业太空计划运行的发射场——美国太空港在 2014 年投入正式运营，藏在新墨西哥州荒原里的美国太空港由州政府出资建造，准备在商业宇航的配套建设里抢得头筹。2004 年，美国太空港和 Virgin Galactic，一同获得了旨在推动廉价航天项目的"Ansari X Prize"大奖。理查德·布兰森说"如果给我建一座太空港，我会带我的太空船上去"，彼时新墨西哥州州长握着他的手说"如果你带着你的太空船来，我就给你建一座太空港"。然而这一切，如今都成为了现实。

Virgin Galactic 成为美国太空港最大的客户。

全新模式下的太空港必须完全开放，拥有强大发射和测试飞行器能力的美国太空港接受任何获取过许可的商业宇航项目接洽。不仅对于客户，作为靠新墨西哥州纳税人建起来的太空港，那里同样对普通人开放，通过官方的旅游巴士线路进入太空港内部参观，将同样是一场饱览西部风景的旅程。在他们的计划里，未来在太空港内开个演唱会甚至举办婚礼都是可行的。

现在光是在美国，就有 9 家太空港同时批准上线，休斯顿艾灵顿机场的改造项目"休斯顿太空港"也是其中之一，不一样的是，休斯顿计划把太空港打造成商业宇航社区。使用火箭代替飞机作为交通工具能让人们从休斯顿到北京只需要花 2 个小时的时间。进入第二宇航世代的地球人，似乎正面临着前所未有的机遇。未来人们度假的时候也许可以考虑去太空看看，而乘火箭搭载的飞行器去国外参加一次会议可能就像乘坐高铁一样方便可靠。

事情也不是那样顺风顺水，2014 年 10 月，Virgin Galactic 公司研制的载人商业飞船"太空船 2 号"在美国西南部莫哈韦沙漠测试飞行时坠毁，一名飞行员死亡，已预售出 700 多张船票的项目面临巨大压力。这个重大失误似乎在提醒人们不要得意忘形，太空走向平民仍然长路漫漫。

其实针对太空旅游的高风险性，美国联邦航空局早于 2006 年 10 月就已出台了第一部针对太空旅游业务的条例，该条例暂时没有强制要求太空旅游公司保证旅客人身安全，理由是太空旅游尚处于起步阶段。不过，条例要求，在把旅客送入太空前，开展这项新兴业务的企业必须以书面方式告知其中风险，包括遭受严重伤害乃至死亡的可能；而游客则必须保证，如果发生意外，不会起诉政府。面对正在陷入狂热的商业宇航，在对未来生活方式

In 2008, NASA signed a 1.6 billion USD contract with SpaceX, the private aerospace company, replacing the retired shuttles to do the supplies work of the international space station. After that, business, private and market became the new key words of space exploration. Elon Musk is not the only one adventurer with great vision. Sir Richard Branson, founder of Virgin, officially got involved in the space industry in 2004. This British visionary, who once piloted the hot air balloon across the Pacific, was one of the first to invest in private space travel. More people can afford space sightseeing because of Virgin Galactic. 200 thousand dollars, you can go on your trip with other five people just like sitting in a plane. Clients on this space trip include Brad Pitt and Angelina Jolie, etc. Another aerospace company Xcor began earlier. It was founded in 1999 and it also focused on private space trips. Now they cooperated with SCX and their LNYX The Bobcat space fight is selling hot. The cost at 100 thousand dollars is more attractive.

Aside from the business invested space projects, local governments are also eager to join. The first launch site - Spaceport America, created for commercial space program started its service in 2014. This small city hidden in New Mexico desert was built by the State government. Spaceport America is hoping to solidify its position in the space exploration business. Spaceport America and Virgin Galactic won Ansari X Prize in 2004. This prize aims to promote affordable space program. Richard Branson said, "If you build me a spaceport, I will bring my spaceships" While New Mexico's governor was shaking his hand and said, "If you bring your spaceships, I will build you a spaceport." All these have become reality now.

The new Spaceport America Experience will be open to visitors in June 2015. With its strong launching and aircraft testing ability, Spaceport America accepts all kinds of commercial space projects that were obtained a license. Not only to the clients, the space port built with the New Mexican tax payer's funds is also open to the public. They can go inside on the official bus and visit the interior as well as the landscapes of the west. In their plan, it is possible to hold a concert or even a wedding in the space port. Just like what the CEO said, "The future of commercial space expedition is bright. It is not a matter of 'if'. It is a matter of 'when'. Commercial spaceflight is developing as air flight did before it, so that we can eventually have point-to-point travel from spaceport to spaceport."

的憧憬之余，我们也许该更冷静的想想如何避免大跃进式繁荣背后的问题，毕竟人类不是没有经历过弯路。

在太空港跑道上的白骑士二号和太空船二号。White Knight Two and Space Ship Two on the track

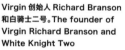

Virgin 创始人 Richard Branson 和白骑士二号。The founder of Virgin Richard Branson and White Knight Two

2009年，白骑士二号在加利福尼亚州的莫哈韦沙漠准备第三次试飞。
In 2009, White Knight Two was ready for the third trial flight in the Mojave desert, California.

Richard Branson 和 Burt Rutan 在白骑士二号第一次滑行试验现场。Richard Branson and Burt Rutan at the scene of the first coasting test of White Knight Two

飞行中的白骑士二号。White Knight Two in its flight

白骑士二号进行第一次冷流飞行。
The first cold flow flight of White Knight Two

滑翔中的白骑士二号。White Knight Two is gliding

仓库里的白骑士二号。White Knight Two in the warehousr

Virgin Galactic 的飞行员 Michael Masucci。Michael Masucci, the pilot of Virgin Galactic

Virgin Galactic 的太空船一号拍回的地球照片。Photos of Earth sent back by Virgin Galactic's Space Ship One.

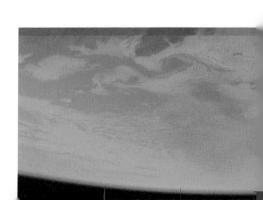

gogo× 克里斯蒂娜·安德森

美国太空港(Spaceport America)CEO,曾经供职于美国空军超过三十年,担任美国空军菲利普斯研究室航天研究部主任、组建航天飞行器研究部门等。

作为世界上第一个商业太空港,在你们看来美国太空港的建成对宇航史有什么影响?

美国太空港是第一个获得美国联邦航空管理局(以下简称FAA)授权的商业太空港。它的建成其实让我们看到了未来太空港可能成为的模样。我们希望它在未来能让每一个人实现太空旅行。

商用宇航的未来市场有多大?你们的信心来自哪里?

我们相信商用宇航前景光明,这一点是肯定的,实现只是时间问题。如今市场上有很多这类成熟的航空公司。另外,在美国已经有9家获得FAA许可的太空港将要上线,其中许多涉及美国外的航线。所以我们最终还可以发展到在太空港之间点对点的旅行。

美国太空港的资金来自纳税和基金拨款,作为离大多数人较远的航天项目,你们会考虑在哪些方面回馈纳税人?

美国太空港由新墨西哥州的纳税人承担费用,同时也是新墨西哥州发展长久航天事业的开端。太空港通过新增本地的就业机会、开发旅游业和航天工业来让纳税人们受益。太空港同样在致力于为下一代商用宇航的发展做准备,此外,我们还会响应推进新墨西哥州的STEM(Science, Technology, Engineering, Mathematics)教育拓展计划。

怎么想到在太空港的设计中加入巴士旅游线路?

巴士旅行是太空港体验之旅很重要的组成部分。游客可以事先在网上订票,然后飞往得克萨斯州的埃尔帕索和新墨西哥州的阿尔伯克基两个国际机场。新太空港美国体验在美国游客中心2015年6月开始。已经订了票的游客可以通过官方巴士到美国太空港指定地点,即海拔4600英尺的高原沙漠。

你们为公众公布了进入美国太空港的路线,未来这里会是一个向公众完全开放的地方吗?

美国太空港首要核心业务是商用航天,比如美国太空港将会一直很安全。作为游客,进入美国太空港是被官方授权的。它将来可以用作商业会谈、产品发布、商业摄影、演唱会、电影拍摄地或者婚礼举办地。

对于未来的设想中,美国太空港是否会考虑扩展更多的功能?

是的,美国太空港在第二个太空时代占据了核心地位,它将一直发展以满足顾客、游客、合作伙伴和其他相关利益者的需要。

美国太空港建设中最大的困难是什么?

我们在一个没有路没有基础设施没有公共服务的中部小城市开始,任何都需要从头开始!纵观18000英亩的原始荒漠,我们的考古学家在那里发现了40处史前人类居住点,我们通过分析保留了一些处女地,其中需要花费大量时间和当地、国家有关人员沟通。

你们会如何处理环境问题?

美国太空港在环境管理方面做了很好的楷模,在2014年,我们收到了由美国绿色建筑委员会颁发的LEED认证。在施工之前,我们自己团队的考古学家进行了许多研究。另外我们针对生态影响、历史影响、空气和水污染和其他一些问题做了综合分析。在广泛的调研以及咨询之后,NASA认定美国太空港对环境基本没有影响。

你们看来商业航空对宇航发展的意义是什么?

商业航空很重要。在美国政府中,航空和航天产业扮演着同样重要的角色,我们正试图提取之前在航空产业中积累的经验来完善太空旅行,希望最终它可以变得和今时坐飞机旅行一样普世。

gogo × Christine Anderson
Spaceport America CEO

The investment of Spaceport America comes from tax payer's money, as the space program, which is far away for most people, how does Spaceport America benefit taxpayers?

Spaceport America was paid for by the taxpayers of the State of New Mexico in the USA and is another example of New Mexico's long history in pioneering space. New Mexico taxpayers have benefited and will continue to benefit from job creation and other economic development opportunities coming from both the tourism and aerospace sectors at Spaceport America. Spaceport America is also dedicated to inspiring and preparing the next generation for commercial spaceflight and leads an active STEM (Science, Technology, Engineering, Mathematics) Educational Outreach Program across the State of New Mexico.

How did you have the idea to add a bus trip into the design of Spaceport America? Will it be a later reference for future spaceport designs?

The bus trip is an important part of the Spaceport America Experience tour. Visitors can book their tour tickets months in advance online and can arrange to fly in to the area through two international airports – El Paso International Airport (ELP) in El Paso, Texas, USA or Albuquerque International Airport (ABQ) in Albuquerque, New Mexico, USA. Visitors may want to arrange to stay in the area in either Truth or Consequences or Las Cruces, New Mexico – the two closest cities with plentiful accommodation. The new Spaceport America Experience launching in June 2015 begins in the city of Truth or Consequences at the Spaceport America Visitor Center (301 S. Foch St., Truth or Consequences, NM 87901). Visitors who have booked a tour are then taken on an exciting and informative journey from the visitor center via the official Spaceport America Experience bus tour to the remote Spaceport America site in the beautiful high desert at an altitude of 4600 feet above sea level.

How big will the future of commercial space market be? Where does your confidence come from?

Everything that we know how to do on Earth needs to be re-tested in space. Everything from communication and navigation to understanding human physiology and how to produce sustainable resources is highly dependent on our ability to leverage space. In the early days of aviation, people questioned our need to fly. They said, "If man were meant to fly, he would have wings." They said "Why would someone want to look at the Earth from the air?" We now know that aviation has made the world a smaller more connected and efficient place. We believe that commercial space travel will follow a similar path of connecting and improving the quality of life for humanity. When you have a market size in the billions, the upside is limitless!

How do you deal with environment problems?

Spaceport America has made stewardship of the environment a priority as evidenced by our leadership in energy and environmental design. In 2014 we received the Gold LEED Award from the US Green Buildings Council for our Foster+ Partners and URS designed Gateway to Space Building. Prior to beginning any construction, Spaceport America undertook a comprehensive environmental study to analyze all possible impacts from biological to cultural and historical to acoustic, air and water pollution among other impacts. After extensive study and consultation, Spaceport America received a finding of no significant impact from the FAA. The most significant projected impact necessitated the formation of our own team of archaeologists. Throughout the 18,000 acres of pristine desert our team of archaeologists found over 40 separate historically significant sites of pre-historic human habitation dating back over 10,000 years. Each of these sites has been catalogued, analyzed and or preserved.

休斯顿太空港的规划图。休斯顿意图将老军用机场:艾灵顿机场改建成国际性的宇航社区,包括一套完整的火箭飞行器客运系统。Planning graph of Spaceport Houston. Houston intended to transform the old military airport into an international aerospace community, including a complete rocket passenger transport system.

Cities Beyond the Universe: The Proper Way to Look Up at the Stars

太空之外的城市：仰望星空的正确方式

雅 | 撰文　徐晴 | 编辑

他们曾经、现在，以及即将，是地球上离太空梦最近的城市，人类通向宇宙旅程的起点。很多城市的文化指向历史，而他们的文化，则指向未来。

"人类很有可能是宇宙中仅有的智慧生命，即使不是仅有的，也是很稀有的智慧生命之一。智慧生命进化出来的意义，便是用智慧领悟宇宙。人类的很多生命本能，比如好奇心、探索欲，都是从婴儿时期与生俱来的本能，而非由于长大以后的功利目的培养出来。人作为一种智慧生命,在两百亿年的宇宙时间中进化至此,生命本身的目的就是探索宇宙。"研究天体物理出身的科幻作家郝景芳这么认为。

宇宙探索的价值在于探索本身。"太空城"休斯顿对于这个观点恐怕不能同意更多。休斯顿东南部的林登·约翰逊太空中心,是人类向太空启航的控制中心,这里探索的何止是月球,更是整个浩瀚苍穹。然而为NASA承担大部分载人航天任务的休斯顿并没有任何依赖宇航业带动城市发展的意思,而是成功地将探索宇宙的精神变成自己的基因一种。

Houston is undertaking most of the manned space mission for NASA, but he didn't expect that can drive the development of the city. Houston integrated space exploration into his own genes. Be it the petroleum industry with long history, the unique medical industry, or the rising biotechnology, financial and trading industries, Houston have played every single card successfully. Jiuquan and Wenchang both have missions under the will of the state, but they have totally different stories. As one of the three launching sites in the world that can launch a manned spacecraft, Jiuquan has a unique role to play under the military system and its management is strictly classified. Jiuquan was on his service and aerospace is one of the missions. For fifty years, he has stuck to his own duty. For generations, soldiers have come to this desert oasis to discover their future. This millennium, Shenzhou V Spacecraft sent Yang Liwei to space and the local government eventually found his way forward - tourism became the main force in the tertiary industry development of this city. While Wenchang Space Base officially started the construction in 2009, at the same time re-inventing the city itself.

不管是历史悠久的石油产业、独一无二的医疗产业,还是后发制人的生物科技业、金融业、贸易业,休斯顿的每张牌都打得风生水起。所以它聪明地成长为一个精神抖擞的得克萨斯牛仔,骑马扬鞭,在2008年全球金融危机后仍然傲视群雄。带着探索的好奇心,增长与生机从此在这里生根发芽。

国人虽熟知却不熟悉的酒泉和文昌在背负国家意志的使命下却有着截然不同的故事。雄心勃勃、成果卓然的航天事业,让这两个"边陲"城市拥有了从天而降的荣耀。作为全世界范围内三个可以发送载人航天器的发射场之一,隶属军事系统、机密管理制度,让酒泉有着最不一样的身份。航天之于酒泉,就像服役期间的一项任务,五十多年来,他恪守本职,从未出错,一代又一代的军人来到沙漠绿洲中开垦未来。进入千禧年后,"神州五号"把杨利伟送上太空,终于促发了本地政府的触角,把旅游调整为城市第三产业发展的主力。相较之下,文昌更为好命。2009年海南文昌航天基地正式动工,文昌聪明地开始了配套的城市翻新。开建的"两桥一路"项目将改变整个海南省的交通,参照国外案例的航天主题公园和博物馆也会参与全部市民的业余生活和教育。

与休斯顿相比,体制内的文昌和酒泉显然不具备太多可比性。但西域的风沙和南海的波涛,一样可以像得克萨斯的牛仔精神一样,给两地以开拓的勇气。宇航基地的地利,让两地拥有极其优越的基建资源和足够的国家关注。而对于成功案例一般存在的休斯顿,我们或许也可从中获得些思路。譬如如何让太空走进本地人民的视线?而不仅仅是航天产业本身?除了房地产开发的机会,是否也能规划和发展更多的产业园区?当我们展望未来时,所想到的不应只是"产业"这干巴巴的两个字。既然宇航大国去往星际空间的旅途从这里起航,那么它就应该拥有与之匹配的好奇心、求知欲、生机、勇气,哪怕是一点莽撞。让城市不再是亦步亦趋地追随,而是充分将探索的因子收为己有。

在光荣之外,我们也应该抬起头来,仰望自己的目的地:太空,好好地思索一下自己的梦想。这不仅仅是两个城市的梦想,更应该是我们所有人的梦想。我们应该如何正确地仰望太空?我们又应该如何正确地回头面对自己?

"旅行者一号"的电池将在2025年耗尽,这是一次"后会无期"的旅途。1990年2月14日,当"旅行者一号"刚完成其探访土星的任务时,NASA给它发出新的指令,要它往后看以拍摄一路拜访过的行星,其中的一颗,就是我们所在的地球。此时"旅行者一号"已经远离地球60亿公里,照片上的地球只不过是一粒微弱尘埃。正是从这粒尘埃上,无数艘搭载了人类好奇心的飞船一次次地启航。

Houston & Aerospace:
Not Only in the Space

休斯顿 & 航天：不只在太空

高雅 | 撰文　得克萨斯州旅游局 | 图片提供

大多数人想起休斯顿时，第一个反应是姚明。的确，正是为休斯顿火箭队贡献了11年光阴的姚明，把这个美国第四大城市带到国人视线里。然而对美国人来说，休斯顿等于月球（Houston 是在月球上说的第一个词）。1969年，阿姆斯特朗在月球上迈出了自己的一小步、人类的一大步，而阿波罗登月计划的所有指令正是从休斯顿的林登·约翰逊太空中心（Lyndon B Johnson Space Center）发出的。

In 1967, Houston gained its nickname as "Space City". But it is not only a space city; it is also the oil and chemical industry center in the United States. The No.1 capacity port of America - Houston Port and the biggest medical center of the world - Texas Medical center are both here. 33 institutions of higher education institutes continuously provide intellectual innovation and nourishment. Diversification drives the economic growth. Many headquarters of top 500 companies are here, just less than New York. It is the fourth GDP in the United States and the fastest developing city of America in Forbes 2015. Over 2 million diversified populations live here without urban planning law. People are curious about the city element of Houston? How can we define it? Space? Oil? Medical? Or technology? Is it the free skyline and the cowboy spirit in the blood of Texas? Houston has cards to play with and it never use only one of them. Houston uses more than one of them. This is the key to win. Talking about the space industry's effect on Houston, economy and employment are just one side. There are more meaningful parts for this city. Children in Houston learn about flying into the space while they are growing up. That is in the perspective of looking up and exploring and that is the future of this city and humans.

　　林登·约翰逊太空中心位于休斯顿东南部35公里处的克里尔湖西畔，是美国最大的太空研究中心。整个中心由研究中心、指挥控制中心、航天员训练中心和展览馆四部分组成，共有100多栋建筑，整体占地656公顷，有15000余名职员。

　　约翰逊宇航中心于1961年成立、1963年完工投入使用，负责NASA的载人航天培训、研究和飞行任务控制任务，负责实施了美国水星、双子星、阿波罗、天空实验室、航天飞机和国际空间站等载人航天计划。

　　当初NASA为阿波罗计划的研究场所选址时，考察的因素是多方面的，包括场地必须方便水路运输，一个全年都能使用的机场，靠近主要的通信网络，拥有成熟的工业制造基础，具备充足的水供应，以及能支持全年室外工作的温和天气等。休斯顿最早被列入备选名单，是因为它距离美国军方的 San Jacinto 军械仓库只有19公里，同时拥有两所一流大学：休斯顿大学和莱斯大学。最后休斯顿在20多个城市中脱颖而出，正式开始向太空启航。

　　1967年，休斯顿通过征集活动获得了"太空城"这个官方绰号。可它不仅仅是太空城。它还是美国石油和化工产业中心，全美国际吞吐量排名第一的港口休斯顿港所在地，拥有全世界最大的医疗中心——得克萨斯州医疗中心。共计33所高等院校的科研实力，源源不断地为它提供创新的养料。多元的经济组成赋予这个城市旺盛的经济增长动力。它是仅次于纽约的500强总部所在地，是全美GDP总量第四大的都市区，是福布斯2015年美国发展最快城市榜排名第一的城市。219万多族裔人口在这个没有城市规划法的城市生活，让人对它的城市因子充满好奇，到底是什么能够定义它？是太空？是石油？是医疗？是科技的力量？是自由的天际线？还是得州血液里的牛仔精神？

　　当我们梳理休斯顿的生命轨迹时，我们发现，自从1901年发现石油以来，这个城市似乎从来没有平静过。

　　黑色石油流过这片平坦的土地，金钱紧随其后。无与伦比的石油资源以及竞争港口衰落的机遇，促生了休斯顿港的诞生。港口的繁荣又反作用于城市经济。这个上帝的宠儿拥有这些还不够，1946年，同样是出于机遇和政府的顺势而为，在M.D.Anderson基金的资助下，得州医疗中心的第一家医院 Michael E. DeBakey Veterans Affairs Medical Center 落成。至于1961年太空中心的落地，不仅带来了联邦政府源源不断的国防开支，还孵化出千余家小型高科技公司。20世纪80年代，由于美国经济下滑、石油价格暴跌，休斯顿的经济一度受到重创，但它迅速作出应对，将原有单一的石油行业调整为多元经济结构，从而恢复生机。

　　我们还发现，拉动休斯顿发展的，从来都是实实在在的产业。不管是制造业、高科技产业还是国际贸易，都是在扎实的根基上延伸扩展，而不是追求虚无缥缈的房地产业。与此同时，休斯顿市政府一直在兢兢业业地建设基础设施，为企业创造良好的投资和经营环境。

　　抓住机遇、勇往直前，这两个词也许能够概括休斯顿和它的市民。拥有多张好牌的休斯顿，从来没有依赖其中的单一一张，而是组合出击，这才是赢牌的关键。至于太空产业对休斯顿的影响，经济和就业只是故事的一面。对这个城市来说更有意义的不止这些。要知道，只有休斯顿的小孩才能在成长过程中体会如何驶向太空，那是仰望和探索的视角，那是城市和人类的未来。

宇航中心内的宇航员模型。The model of astronauts in the space center

72-73

游客们可以在宇航中心内亲身体验宇航员的训练。Tourist can experience the training of astronauts in the space center

宇航中心内宇航员的训练设备。
Training facility of astronaut in the space center

游客们还可以坐下来看看过去的宇航控制室是怎么运行的。Tourists can sit down to see how the control room works in the past

休斯顿市内的当代艺术博物馆。
Temporary art museum in Houston

目前陈列在宇航中心内的退役航天飞机。The retired space shuttle in the space center

宇航中心内展示的现役 NASA 宇航员制服。NASA astronaut uniforms in service

"谷歌地球"的视角里,宇航中心里的航天飞机模型。Space shuttle model in the space center, viewing from Google Earth

休斯顿的港口深入城市内部,加快了运输效率。进出口产业也是这个城市的主要产业之一。Houston Port went deep into the city and it accelerate the transporting rate. Import and export industry are the main industry of this city.

休斯顿城区全景。Houston downtown

宇航中心内的火箭模型。The rocket model in the space center

gogo × Leo
休斯顿会展旅游局亚太区代表
50 岁

曾经关注过宇航项目吗？对这些感兴趣吗？
是的，我觉得任何一个男生对于"太空"或者"飞上天"都会感兴趣。
有去过宇航中心参观吗？去过几次？
去过，已经不计其数了。带家人去过很多次，因为工作关系也会去。我觉得在休斯顿的人没去过宇航中心基本上是不可能也不太应该的，如果朋友来了不去宇航中心真是"犯法"。现在在宇航中心只要交上30多美金，一年内就可以无数次的出入，连停车都是免费。
如果去过，能否简单说说一次参观经历？
第一次去是我跟我太太一起。那时我们还没有孩子，已经是二十多年前的事情了。当时宇航中心没有太多好玩的东西，看什么也都要步行走很远的路。2000年的时候宇航中心通过迪斯尼乐园做了改建，现在那里好玩的太多了。
如果做股票投资，你会选择和航天项目相关的类型吗？
会考虑，在美国航天是高度市场化的，很多相关的企业参与到其中。对于这些企业我觉得他们的风险更低，投资也更安全。
休斯顿看起来和航天这件事有关系吗？
有绝对的关系，人类历史上太多宇航事件都是从这里开始的。
在休斯顿有没有和太空、宇航员有关系的店铺？
在宇航中心附近有很多这样的店铺，最著名的就是它门口主题策划的麦当劳了。在宇航中心内部也有一个商店，里面专门售卖和宇航员有关的各种东西，比如可以体验到宇航员的宇航餐（虽然不太好吃），还有宇航员用的压缩被子，不贵而且是送朋友很好的礼物。
在你印象当中，有没有一件事让你觉得和太空探索产生了关系？
一般返回地球的航天飞机都是用波音747拉回休斯顿，宇航员也是坐着飞机回来。在美国航天飞机计划结束的时候。最后一架负责运送航天飞机的波音747被保留在了宇航中心，我因为工作关系去到飞机里面，并且坐到了宇航员返程时所坐的座位上，那一刻有一种奇妙的代入感。

gogo × jtheory
大学生 24 岁

有去过宇航中心参观吗？
我没有去过休斯顿宇航中心。
你觉得航天对你的生活有影响吗？
我个人认为有些影响，毕竟现在的许多技术都来自那里，我们的生活也收益于此。
休斯顿看起来和航天这件事有关系吗？
我不太确定航天和这个城市究竟有多密切，但多多少少总是有关联的。
在你印象当中，有没有一件事让你觉得和太空探索产生了关系？
让我觉得和宇宙如此近的事情就是在夜里仰望星空，看到那些真实的东西让我觉得：啊，那里还有那么多我们不知道的东西。
在你的印象里休斯顿是怎样的一座城市，请用两个形容词来形容？
家和历史。

休斯顿

GDP（2013年末/at the end of 2013）: 341,100,000,000
人口/Population: 6,200,000

种族结构/Recial structure:

38.8% 白人/white
35.9% 西裔人/Hispanic
16.7% 黑人/Black
6.7% 亚裔人/Asian
1.6% 其他/others

主要产业/Main industry:
能源产业、航天产业、医疗产业、纳米科技、进出口产业
energy, space, medical, nanotechnology, import and export

医疗产业/Medical industry:
全美最大的医疗中心、每年处理720万病患
biggest medical center in the United States, treating 7,200,000 patients every year
---

旅游产业/Tourism:
7.5万间酒店房间、2014年160亿美元收入、提供128500个的就业机会/75,000hotel rooms,2014 income 16,000,000,000 dollars, 128,500 employment chances
每年超过80万人访问宇航中心/Over 800,000 people visit the space center every year
宇航中心每年会举办超过40个教育活动/More than 40 education activities are held in the space center

5-1/2
Astrodome: The Space Remain in Resurrection
太空巨蛋：复活中的航天遗迹

朴卡 | 撰文　Urban Land Institute | 图片提供

说到休斯顿，多数人第一个想到的是火箭队，还有近年成绩乏善可陈的太空人棒球队，这些"宇宙系"的名字因休斯顿"太空城"的特征而起。在休斯顿，你时时会撞见这些热血航天时代的精神遗迹，NRG 公园内的太空巨蛋体育馆（Astrodome）就是一个。

远眺藏在楼宇中的体育馆 Overlooking the stadium among the buildings

2005 年，卡特里娜飓风袭击休斯顿，太空巨蛋曾作为避难场所使用。In 2005, hurricane Katrina attacked Houston, Astrodome Stadium was used as the asylum field.

远眺藏在楼宇中的体育馆 Overlooking the stadium among the buildings

大奇观与大都市

1965 年,一颗银白色大巨蛋生于得克萨斯州热浪炙烤的平原。《休斯顿纪事报》前编辑 Fritz Lanham 依然记得小时候看球赛的场景:男人女人小孩全部穿戴整齐,西装、领带、帽子一应俱全。"人们去那里不光是为了看本地球队又输了一局,也是为了庆祝休斯顿终于成为一座大都市。"

当地有句习语叫"Texas Size",得州尺寸,就是大。太空巨蛋绝对配得上这种大。首先它是世界上最大的室内体育馆,当年耗资 3100 万美元才打造了这座外围直径 216 米、跨距 195 米、可坐 70000 人的庞然大物,棒球、足球、赛马比赛乃至马戏团表演,都可收入囊中。作为揭幕战的休斯顿太空人队与纽约扬基队的表演赛,上座率达 68%,还有时任美国总统的林登·约翰逊携夫人助阵。

坐在太空巨蛋内,当年的观众多半被震撼。在这座最早使用人造草皮和动态计分牌(也是世界上最大的记分牌)的体育馆,现代化音响以及冷暖空调装备齐全——正是以上设施把棒球和其他"室外运动"挪入室内,从此永久改变了它们进行和观看的方式。时人谓之"世界第八大奇观",听来有点浮夸,但在那个年代它确实猛刮了一阵理念风暴。

值得一提的是,太空巨蛋体育馆还是美国南部率先打破种族歧视的公共场所,当然运动本身的规则与魅力也是助力。"休斯顿终于成为一座大都市。"当你真正了解太空巨蛋的特征与历史,也许会理解 Fritz Lanham 所经历的欣喜,也许会同意城市规划师 Tom Eitler 的观点:美国大都市的革新与开创精神浓缩于此。现在回顾起来,太空巨蛋体育馆的崛起,只能在休斯顿这座满载激情与想象的太空城,也只能出现在那个狂飙突进的航天时代。

眼看它起飞,眼看它落地

建立在休斯顿的约翰逊宇航中心作为美国最大的航天研究、生产及控制中心,自然也是 1969 年"阿波罗号"登月的控制中心。因此人类在月球上说的第一个词就是"休斯顿",甚至人们现在还常开玩笑说"Houston, we have a problem"(休斯顿,我们遇到麻烦了)。今天,约翰逊宇航中心里的讲解员和志愿者有不少是老年人,或者说是当年被"太空热"席卷的一代人。

进入 70 年代,经济上有点不堪重负的 NASA 将目光投向运载能力出众又能重复利用的航天飞机。1981 年初,史上第一架应用型航天飞机"哥伦比亚号"首飞成功。惨痛记忆也插足其中。1986 年"挑战者号"在升空 73 秒后爆炸,2003 年"哥伦比亚号"返地时于空中解体……失事引发了人们对航天飞机安全性的质疑,巨额养护费用更让政府不得不忍痛割爱。2011 年,三十而立的航天飞机宣告退休,美国各大航天中心与博物馆成为它们的最终归宿。

接手地区有弗吉尼亚州、佛罗里达州、洛杉矶市、纽约市……什么?没有休斯顿?当地官员宣称,将休斯顿的宇航中心排除在外是对这一伟大机构的侮辱。事实上,当时休斯顿已有两千多位航天业从业者失去了工作,太空事业停滞,休斯顿的辉煌被遗忘只是雪上加霜。

The Urban Land Institute (ULI) has been conducting Advisory Service Panels since 1947, providing communities with objective, unbiased and candid advice about a wide variety of real estate development and land use topics. Each member of the panel is from outside the host city and dedicates their time to the cause. The panel can provide more candid and objective advise than most expert websites.

By invitation of Harris County in cooperation with the National Trust for Historic Preservation, a ULI Panel was convened to provide strategic advice regarding the reuse of the Astrodome. The panel quickly realized that the historic value of the site made retaining the Astrodome structure essential. Also clear was that any reuse of the structures must consider the impact on the two primary tenants of NRG Park, the NFL Houston Texans and the Houston Livestock and Rodeo Show.

Each of the ten experts from around the country who volunteered their time for this panel brought a particular point of view that provides a wide range of perspective. The Advisory Services team included a developer, a historic preservation architect, a senior land economist, the vice president of a global entertainment group, an experienced market analyst, a landscape architect, a public administrator, an urban designer, a planning consultant, and a ULI senior resident fellow for urban development.

复兴巨蛋:谁要做"遗迹"

太空巨蛋不可避免地走向萧条。近年它最实际的用途是:2005 年邻城新奥尔良遭受卡特里娜飓风袭击,15 万灾民被临时安置于此。

2008 年之后,太空巨蛋就告别比赛了,只有维修工和保安出入。此后几年,围绕太空巨蛋前途的争议不断:是改建成水上乐园、体育纪念品博物馆,还是干脆一拆了之?2013 年,一个预估 2.17 亿美元的复杂翻新方案被哈里斯县(下辖休斯顿市)人投票否决——"我们又回到了原点"。清零意味着还有机会。2014 年 8 月,太空巨蛋等到了救急的新计划:打造为一个市民活动空间,主体是一座室内公园。根据美国城市土地所今年 3 月的最新报告,想要复活这样一个见证历史的"遗迹",预算高达 2.43 亿美元。

太空巨蛋体育馆的改建工程主要涉及硬件(公共空间)和软件(休闲活动)两方面,最大的挑战是筹集最初的建设费用和此后的运营成本。目前太空巨蛋的融资运用国际上流行的"公共—私有合作伙伴"模式。作为这一筹资机制评鉴者的美国城市土地所顾问团认为,如果 NRG 公园的主要租户,即休斯顿得州人橄榄球队、休斯顿家畜展与牛仔竞技赛(全球规模最大的牛仔节)和休斯顿石油展(全球规模最大的石油行业展会)能够与官方共享收益,那么一起筹资会容易些。

其实不只休斯顿，如何处置不合时宜的大型公共场所，是全世界头疼的难题。推倒重建，实在是不经济又伤感情。英国曼联足球队的主场老特拉福德球场以不怕折腾的精神几次扩建，增加座位，扩大场地容量，在"缝缝补补又一年"中过了百年。意大利圣西罗（梅阿查）球场则机智地同时租给意大利AC米兰足球队与国际米兰足球队，两队交叉使用，相当实惠。

体育馆一般在建成十年后就有点尴尬，那些大型奥运场馆消沉的速度更是惊人，常常在比赛中惊艳亮相后迅速沉寂，沦为昂贵的摆设。英国的O2体育馆却轻松避免了这种难堪。原因是它在建设和运营的刚开始就考虑到了可持续发展，包括与整个城市的规划、布局、交通、环保协调，准确定位馆使用人群，注重盈利而绝不忽视当地居民的意愿……保证自身发展的节奏不被打乱，得费点心。

那些消沉到底的大家伙，有的被废弃，有的被彻底换血。柏林郊外的一座飞艇仓库，在旧主破产后被接手的马来西亚公司改建为一个人工热带度假地。柏林市民如今出门就能从阴冷冬季穿越到舒适宜人的25摄氏度，漫步于600英尺长的阳光沙滩和世界上最大的人造热带雨林，谁还记得过气的飞艇库？

这样说来，休斯顿的太空巨蛋算是幸运的一个：既保留了原有的建筑特点和功能，又有基于开放性的拓展。如今最坏的命运已经避免，但改建规划还得听证、投票才能通过。如果本地人再次推翻方案，也不奇怪——考虑到这座城市血液中顽固的太空气质。在Fritz Lanham看来，这是座"即兴发挥的城市"，"是一个建设与拆毁同步，梦想与丢弃并存的地方……一个重新开创物质空间和社会空间的地方。这种新事物中约有一半中途而废，被丢弃和被遗忘。但休斯顿是一个人们尝试新事物的地方，因为没有人去阻止他们"。

1969年，体育馆中正在举行棒球比赛。In 1969, the football game was holding in the stadium.

gogo × Tom Eitler

ULI 是美国一家关注土地利用、房地产和城市发展的非营利性教育与研究机构。在哈里斯县与美国国家文物保护信托基金会的共同邀请下，ULI 于 2014 年组织了专家顾问团，为太空巨蛋体育馆的改建出谋划策。ULI 顾问团的副主席、城市规划师 Tom Eitler 为我们解释了太空巨蛋复兴计划的核心内容。显然，太空巨蛋一旦改建为市民活动空间，将为太空城带来新鲜亲切的泥土气息。

在太空巨蛋体育馆的改建过程中，最被重视的是什么？

在 ULI 看来，太空巨蛋体育馆的建筑结构和外部环境代表了休斯顿的进取精神。无论是它的历史还是馆内外的设计，都值得敬重，但它不该被作为"遗址"来对待，而更适合作为一个充满活力的公共场所服务市民。

对于新生的太空巨蛋体育馆，有哪些显著的变化？

它最突出的外部特征是从轻轨直通体育馆门口的散步道。内部最主要的变化是扩建的两层停车场，另外三楼会新建一座多功能公园。

根据 ULI 的规划建议，太空巨蛋体育馆将成为一个"目的地"。

是的，在休斯顿，人们可能不了解其他建筑，但一定知道太空巨蛋体育馆，他们会去看看它，哪怕它现在这样荒废着。重新开发后的太空巨蛋，将成为一个包括室内公园、博物馆和教育场所的多功能空间。它可以被租为办别的活动，特别是踢球之类的日间运动，或者其他竞技类游戏，这些活动会大大解放太空巨蛋，开门迎接全新的受众。

城市土地研究所（Urban Land Institute）为体育馆规划的改造方案。Urban Land Institute's reconstruction plan for the stadium

休斯顿本地人怎么看待太空巨蛋体育馆的复兴项目？

ULI 顾问团采访了八十多位利益相关者。作为一个群体的休斯顿人，讲究实际得很。一些人觉得，太空巨蛋的存在是置实用性于不顾；然而另一些人——其实是大部人觉得，如果出现一种可行的改建方案，那么谁都会乐意去筹钱。无论如何，太空巨蛋作为哈里斯县的资产，将由本县自己决定是否筹集必要的资金去投资改建。

新生的太空巨蛋体育馆将给休斯顿这座城市带来什么？

对本地人而言，它将提供巨大的公共活动空间：一座室内公园。对于当前的租客而言，在租用期内可以享用全新的停车场，参与各种室内活动。对于国内外游客而言，它提供了一个见证和经历历史的机会：它可是个被赞为"世界第八大奇观"的技术奇迹啊。

太空巨蛋体育馆的再开发，对城市发展的整体规划是否有所启发？

太空巨蛋坐落在离休斯顿市中心西南方向 6 英里的地方。当前的趋势是在商务区内或者附近建造新体育馆。城郊体育馆依然会建，但当代城市规划师们已经看到体育馆带来的活力，他们意识到这种"经济引擎"最好离生活设施像宾馆、餐厅和交通之类近一点，特别是固定的轨道交通。

作为太空城，休斯顿的航空航天工业如何参与本地人的日常生活？

也许有点偏题，但雇员人数处于 NASA 和它的承包商（约 18000 人）以及联合太空联盟（约 10000 人）之间的休斯顿航空航天工业，其规模排在世界前列。在休斯顿地区，从事航空航天工业的雇员数目仅低于能源和石油化工业的总和（约 100000 人）。

gogo × Tom Eitler
The Urban Land Institute (ULI)

Tom Eitler is an urban planner and land use professional with more than 25 years of experience in comprehensive planning, revitalization, historical preservation, transportation systems, land economics and sustainable design.

What are the main reasons for preventing the Astrodome from demolition?

The Astrodome was the world's first domed stadium and as such acted as a prototype for many covered stadiums around the world. What they built forever transformed the way baseball and other sports were played and viewed. The architecture is unique; it is a marvel of modern engineering, and was designed to embody Houston's innovative, entrepreneurial and space-age development as a major U.S. city. It is currently on the National Trust for Historic Preservation's list of the most endangered sites. Also, the Urban Land Institute Advisory Panel was able to identify funding mechanisms for both he capital costs and the operational costs of repurposing the dome as a grand civic space.

What's the most valuable takeaway from the process of revitalisation?

From the Urban Land Institutes perspective, the structure and its surroundings represent Houston's entrepreneurial spirit. The Astrodome's historic and architectural importance deserves respect (the exterior and the interior), but it should not be treated as a relic; rather, it should be enjoyed as an active, dynamic public space.

The key components of the revitalisation include civic space and recreation, what are the difficulties in achieving these two aims?

Clearly the initial cost of rehabilitation of the dome as well as the ongoing operational costs of the newly revitalised building were major challenges. The panel felt that if the other major tenants of NRG Park (The Houston Texans, the Rodeo and the Off-shore Technology conference) could share in the benefits, those costs would be easier to fund.

What will the revitalized Astrodome bring to Houston?

For locals, it will provide a grand public space: an interior park. For the existing tenants (the Texans, the Rodeo and the Off-Shore Technology Conference) it brings new parking spaces and programmable interior space during those portions of the year dedicated to their activities. For visitors, it provides a chance to witness and experience a piece of history, a technological marvel and what some have called the Eighth Wonder of the World.

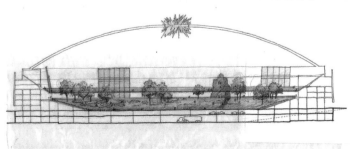

5-2
Jiuquan & Aerospace: Chinese Sense of Mission
酒泉 & 航天：中国式使命感

Ika | 撰文　　酒泉电视台 | 采访、图片提供

酒泉的总面积有19.2万平方公里，相当于11个北京市那么大，拥有城市、农田、荒漠和成片的胡杨林，大概由40多个民族的人们构成了本地市民。

这个神秘的城市是古代丝绸之路的必经之地，而它在大多数人面前揭开面纱大概是从2003年开始的。2003年"神州五号"升空，中国第一次把人类送到太空。"神州五号"的发射地点便是"酒泉卫星发射基地"。后来人们想起来，其实大家总能在新华社的新闻里找到这个地名，中国的大部分航天任务都在这里执行。但"酒泉"对我们来说，熟悉又陌生。

位于甘肃省和内蒙古省交界处的卫星发射基地从1958年就开始建造，但被命名为"酒泉卫星发射基地"却是一件到现在也颇有争议的事情。因为地处酒泉市和阿拉善盟市的交界处，考究的讲，给它安上哪个地名都不太合适。后来因为考虑到供应发射场的物资大部分由酒泉支援，另外也出于国家安全考虑，最后被定名为"酒泉卫星发射基地"，并把这个名字沿用至今。不过当时的决策者们大概没有想到，自从2003年"神州五号"升空之后，这个名字变成了宝贝，"航天摇篮"的城市标签实际上蕴含了多得多的价值，一系列的"神州"系飞船刺激了当地的旅游经济。早在2003年"神五"升空之前，酒泉就开始策划起"旅游牌"，之后，人们可以在旅行社轻而易举的报名前往曾经作为军事机密的发射基地参观；在申请到一个简单的通行证后，也可以从市内坐大巴直达发射场所在的"东风航天城"。过去十多年，酒泉市的旅游收入也从2003年的3.4亿元增加到了2014年的120.5亿元。

This mysterious city sits on the ancient Silk Road. Since 2003, it has come into the views of most people. In 2003, Shenzhou 5 launched and for the first time the Chinese have sent someone into space. The launch site of Shenzhou 5 is Jiuquan satellite launch center. Everyone could find this place in the Xinhua news. Most aerospace mission in China are carried out here.

The launch site is located about 280 km from downtown. Viewing from "Google Earth", this area is the only rectangular oasis island in the Gobi Desert. Dongfeng space city and Jiuquan space launch center share the same meaning. But when describing the latter, a "city" is more precise. Besides the launching site, there are malls, streets, residential district, green belt, vegetable greenhouse and cemeteries. The residents are retired soldiers and personnels assigned to work here. Although the miniature city is just beginning to take shape, the Dongfeng space city has a rich history. Statues with revolutionary ideas on it are standing on the streets. The "Ask God Pavilion" was built to receive astronauts and leaders of the country. As the most important area of the space city, it also welcomes visitors with a slogan banner. As long as the launching site is still in service, the expansion of the city will not cease.

发射基地离酒泉市区有280多公里，从"Google Earth"上看，这个长方形的地带是成片戈壁里唯一的绿洲孤岛。东风航天城和酒泉卫星发射中心是一个意思，相比后者，把那里叫做"城"显然更确切。有了五十多年历史的航天城如今已经不见"西出阳关无故人"的凄凉，除了发射场，这里有商店、街道、居住区、绿化、蔬菜棚和墓园，居住人口有离休的老军人也有被分配到这里工作的年轻人，某种程度上有些类似于荒漠里的"眷村"。虽说微缩城市初具规模，但东风航天城的存在依然有着浓郁的历史气息，街道上矗立着指代革命思想的高大雕塑；用来接待宇航员和国家领导的"问天阁"，作为航天城最重要的地点，以标语横幅迎接来客。可以看得到的未来里，只要发射基地在役，这里就永远都不会落幕。

gogo× 红霖（化名）
农业个体经营 36 岁

你对航天项目感兴趣吗?
我对航天项目感兴趣。
你是多大的时候知道航天基地的?
我小时候，记事起就知道了。
是否去过航天基地参观?
还没有进航天基地参观过。
你觉得如果没有航天基地的存在，酒泉的发展会受影响吗?
没有航天基地的话，应该会受一些影响，航天基地就是酒泉的一面旗帜嘛。
航天基地的存在对你影响最大的地方在哪里?
生活里受到的影响应该就是对航天基地附近居民的辐射伤害。
你会如何向外地的朋友介绍酒泉这座城市?
咱就是酒泉卫星发射基地的卫士，看着卫星一步步升起。
你对酒泉的未来有什么看法?
希望基地附近的农民能因为它的存在生活得更好一点。

gogo× 阿宏（化名）
事业单位职工 26 岁

你对航天项目感兴趣吗？曾经关注过航天项目吗?
以前不感兴趣，一般不关心航天项目，除非有飞船发射。
你是多大的时候知道航天基地的?
初中吧。记不清了。
是否去过航天中心参观?
一次都木有。
如果进行理财投资，会选择和航天项目、军工有关的股票吗?
应该会吧，但要做仔细的研究。
你觉得如果没有航天基地的建设，酒泉的发展会受影响吗?
不会。
航天基地的存在对你影响最大的地方在哪里?
就是可以在外地人面前吹牛。比如有一次坐火车回酒泉，旁边坐一个南方人，把高压输电塔当成了火箭发射架，然后我说了一句：那是电线杆。

你会觉得酒泉航天发射基地是城市的骄傲吗?
对外宣传总会说酒泉是航天城市，但是对我而言，好像没有感觉到航天基地对酒泉有什么影响。因为毕竟是国防基地，消费、就业等方面并没有给当地带来一些切实的积极影响。
你会如何向外地的朋友介绍酒泉这座城市?
酒泉占地19.12万平方公里有七县市，经济总量据全省前列……都是些让人骄傲的东西。
你对酒泉的未来有什么看法?
工业还是地方经济发展的支柱，希望工业能反哺农业，同时利用这里丰富的自然资源和旅游资源，最终在改善民生方面做文章。

82-83

酒泉市市政大楼广场，从楼顶远眺，远处的雪山依稀可见。Government building on the square, Jiuquan. Overlooking from the government building, the snow mountains are faintly visible.

发射基地卫星图。Satellite imagery of launching center

东风航天城生活区卫星图。Satellite imagery of living quarters, Dongfeng space city

酒泉市卫星图。Satellite imagery of Jiuquan

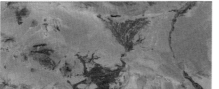

酒泉

人口 / Population111.19: 1,111,900
GDP（全市人均）: 55,872 RMB

2014 全年旅游接待人数 / Receiving tourists: 13,842,000
其中接待海外游客 /Foreign tourists: 23,600

全年旅游收入 /Tourism income: 12,050,000,000 RMB
旅游创汇收入 /Tourist foreign exchange: 5,313,000 dollars
其中旅游商品创汇收入 /Tourist commodity foreign exchange: 1,243,000 dollars

5-3
Wenchang & Aerospace: A Dose of Medicine for the City
文昌 & 航天：一剂城市药方

alka | 采访、撰文

对于一个全新的航天城市而言，文昌十分善于总结和思考。很明显，如今再照搬酒泉或者西昌的模式显得有些过时。文昌人清楚地知道"航天"对于这里来说是前所未有的契机，未来整个城市都可以依此转动。如果说中国式的老航天城市似乎总是带着被命运选择的意味，那文昌大概更愿意做选择命运的那一个。

As a brand new space city, Wenchang is good at summarizing and reflecting. Obviously, its model to copy Jiuquan and Xichang is slightly outdated, yet people in Wenchang knows very clearly that "Aerospace" holds immense opportunity for the city, as it holds great potential for the future. The old Chinese space cities were chosen to be what they are, but Wenchang has chosen its own destiny.

In 2009, the construction of the aerospace base has just started and the local government announced to invest 3 to 5 billion RMB setting up the "Two Bridges and One Road" project to configure this space city in the future. The earlier completed Qinglan Bridge became the pride of the citizen, reinventing the way the Wenchang people travel. The 1800-meter-long bridge connects the Qinglan Port and the East Docks and it takes less than 5 minutes to drive across. Importation of talent led to population increase, also attracting big estate agents like R&F Properties and World Trade. The development of the aerospace industry also attracted many visitors, and Wenchang authorized the establishment of 17 5-star hotels. Just a few years ago, none existed.

大多数人知道文昌是从饭桌上开始的，文昌特产的鸡肉经过带有南海气息的桔汁调味白切，是海南省的四大名菜之一。而大多数人不知道的文昌，有2100多年历史，作为"下南洋"风潮的鼻祖，从明朝万历年间开始这里就有人离乡背井到马六甲海峡探寻生路。如今散落在东南亚各地的文昌侨民已经有120多万人。文南老街上中西合璧的气派老"骑楼"便是最好的见证。

改革开放以后，整个海南省跳脱祖祖辈辈经营的渔业、畜牧业和农业试图靠旅游复苏，而后几乎每个岛上的城市都想依据三亚和海口的发展路径改变命运，同样拥有成片海岸线和椰林的

文昌，也在不温不火的步伐里摸索前行，直到2007年。这一年早就在筹备中的海南航天发射基地获取批准立项。基地将建在文昌市东部的龙楼区域，这个拥有22公里海岸线，靠水产和矿田成长的小镇。对于文昌而言，命运似乎将就此改变。

2009年，航天基地刚刚破土动工，当地政府就宣布投资30～50亿兴建"两桥一路"工程来配置这座未来的航天城。大概是因为彻底颠覆了老文昌人的出行方式，率先竣工的清澜大桥如今已经成为文昌市民们口中津津乐道的骄傲，全长1800多米的大桥飞架起清澜港和东郊码头，驱车开完全程不过5分钟。航天经济的蝴蝶效应不止在城市建设上，人才引进导致的外来人口输入，吸引了富力、世贸这样的大地产商进驻；因为航天导流而来的游客，令文昌光是在2014年就批准了17家五星级酒店的建设项目，而在几年前，本地的酒店还没有一家挂上过五星的牌子；也是在2014年，文昌实现了23.81亿元的旅游总收入，同比增长了23.3%。在城市规划上，文昌也动了不少脑子，像休斯顿一样，当地政府规划在东郊镇建造大型的太空主题公园，其中包括太空博物馆和太空营地等，在促进旅游发展的同时作为青少年的教育基地。

五年过去，依靠"航天"外壳完成城市大跃进的文昌，却也并未规避得了并发症。哑铃型的经济结构越发明显，外来人口骤增导致的当地人就业问题、越发高昂的房价和生活成本，证明文昌也正在经历着和大多数中国城市三线以下城市一样的发展阵痛。宣称2013年投入运营的航天主题公园如今还不见雏形，可见中国式的规划执行力还有待观察。然而，抛开这些来看，文昌对城市命运的主动仍然值得参考。它至少为国人提供了范本，一个城市该如何接纳国家工程？不论是面对如今走到哪里都不太受欢迎的工业项目还是复兴传统的运动政策，也许我们从一开始就可以多做些事。

gogo× 陈甲伦
自由职业 22 岁

你曾关注过航天项目吗？对此感兴趣吗？
可以说每一个文昌人都会对航天城感兴趣，只不过大家的兴趣点不一样了。

是否去过航天中心参观？去过几次？
航天城之前还没有去过，我很多朋友有去过，不过那是之前的事情了。目前航天城管的很严一般人已经进不去。

你对文昌成为"航天城"这件事感到高兴吗？
对于成为航天城这件事算是忧喜参半，航天城会给我们带来大量的优惠政策，同时吸引来的大量游客也会带来财富，但是也会带来其他的烦恼：外来人口带来的物价上涨，城市拥堵，房价上涨……还有大量资金带来的贪腐问题也是我们所忧虑的。而且现在的情况是很多当地人往往找不到好工作，一方面是因为本地经济文化落后，另一方面就是属于区域歧视了，比如一些外地来的大企业会打着旗号拒绝本地人。

你觉得在文昌成为"航天城市"以后，生活中最大的改变是什么？
可以看到的变化就是道路变宽了，变好了，老一辈的东郊人做梦也不会梦到有一条跨清澜港的大桥会修建，在以前东郊人都需要乘船来往文昌。另外，航天城附近的农民因为航天城征地瞬间拥有了一大笔钱，有人一夜暴富做起了生意，有人赌博弄得家破人亡。这些也算是变化吧。

你会和周围人聊起文昌的变化吗？
当然会！因为我们都爱这座城市，我们都居住在这里，一点点的变化都会和自己的生活息息相关。

你会如何向外地的朋友介绍文昌这座城市？
或许我还是会从吃这个方面去介绍文昌吧，毕竟现在人人都是吃货了呢。比如文昌鸡，比如马鲛鱼，另外，我们文昌人还很好客。

你对文昌的未来有什么期待？
文昌的未来就像我们本地人的未来一样，大家谁都不知道准数。不过有一点应该是肯定的，文昌一定会变得越来越好，这里是一个充满机遇和资源的地方。

gogo× 邢若
旅游杂志编辑 35 岁

你关注过文昌航天基地的建设吗？
当然关注过。卫星发射基地、运输火箭码头、航天小学还有其他那些因为航天效应带来的建设项目。另外，现在好多地产、旅游项目都会把"中国第四座航天之城"当作噱头宣传。

如果进行理财投资，会选择和航天项目、军工有关的股票吗？
会考虑，2016年火箭首发，到时候海南的卫星发射基地会受到瞩目，我觉得首发前几个月会是投资的好时机。

你觉得文昌成为"航天城市"以后，生活中最大的改变是什么？
开建航天城之后，文昌配套建设了"两桥一路"项目，现在清澜大桥已经通车，它就通往我家乡东郊镇（文昌东郊半岛）。还有海南第一条旅游公路（东郊—昌洒段）也已经通车，这条路连接了文昌几个知名景区，也是从我的家门前通过，平时常能见到来自外地的公路骑行者，节假日更多。

你会和周围人聊起文昌的变化吗？
会。文昌外地人越来越多，让这里的交通条件得到很大改变，高隆湾和月亮湾还变成了地产项目的热点。文昌是侨乡，这里的乡土文化本身就不排外，越来越多的文化交融和积累会让这里变得更开放。

你对文昌的未来有什么期待？
航天发射场本身就带着商业性、国际性和开放性，一方面城市的知名度肯定会提升，另外一方面也会带动旅游业和相关产业发展，我觉得这会变成和"下南洋"一样引人注目的文化融合历程。

文昌

人口 / Population
111.19: 598,800
GDP（地区生产总值）
1,920,800,000 RMB

旅游数据（对比2009和2013）/ Tourism data (comparing 2009 and 2013)

接待过夜旅游人数合计 / Receiving tourists (overnight)
2009	2013
22,503,300	36,727,100

入境过夜游客 / Entering tourists (overnight)
2009	2013
551,500	756,400

旅游饭店接待人数 / Hotels receiving tourists
2009	2013
17,066,400	24,903,600

旅游收入 / Tourism income
2009	2013
21,172,000,000	42,856,000,000

旅游景区 / Tourist attractions
2009	2013
52	80

客房数 / Guest rooms
2009	2013
67391	104264

饭店总数 / Hotels
2009	2013
459	722

← 2014年08月，工人们在育苗基地临时的大棚里培育航天育苗：番茄、香蕉等。In August, 2014, workers are growing aerospace tomato, banana, etc, in the temporary greenhouse of seeding base.

→ 刚刚建成的文昌航天发射基地。Wenchang space launching base was just completed.

6
A Searching Game Between Fact and Fiction

一场虚实之间的寻找游戏

黎青云 | 采访、撰文、编辑   Alexandra Lethbridge | 图片提供

从 eBay 上购买到 Chondrite L5 陨石的一部分，从英国国家历史博物馆等地的礼品商店淘来的陨石纪念品，Alexandra 就用这些极简的材料，配上特殊的处理，在一本名为《陨石猎人》的相册中与读者玩了一场陨石寻找游戏。

The Meteorite Hunter is a self-published photobook which weaves back and forth between reality and fiction, by photographer Alexandra Lethbridge. The book was shortlisted for the First PhotoBook category in 2014 Paris Photo–Aperture Foundation PhotoBook Awards. Alexandra introduces The Meteorite Hunter as an archive of a search for meteorites and the places they come from. This book contains 47 pictures, some of which were not taken by her, others came from NASA's online image archive. The work is based on the impulse to search for the 'other' within the everyday. There's only one actual Meteorite included in the work which was bought from eBay. Alexandra hides this among the rocks she bought from gift shops. She also hides the captions at end of the book which reveal the source of each image. She encourages readers to "search" and "hunt" for themselves in this way.

有这样一群猎人，他们的猎物不是非洲草原上空的飞禽，也不是茂密丛林深处的异兽，而是来自天外的访客——陨石。这一特殊的职业给了 28 岁的英国摄影师 Alexandra Lethbridge 创作灵感。这位喜欢跑步和旅行的姑娘希望自己尽可能的活跃，虽然本科就读图片艺术专业，但这并不能满足 Alexandra 的创作力，她开始慢慢把重心转向摄影，并获得布莱顿大学摄影专业硕士学位。目前，除了自己的摄影项目外，她还为英国的摄影杂志《Photoworks》工作，创作于 2014 年的《陨石猎人》是她的首本摄影书。

Alexandra 把这本相册描述为 "一个虚构的关于陨石和它们来源的档案"，相册中包含了 "陨石" 和它们 "来源地"，一共 47 张图片。这些图片部分由 Alexandra 在工作室拍摄完成，有些则是她找到的资料照片（found photos），其中包括来自 NASA 在线图库的照片。

"虚" 与 "实"，其实追求的是 "寻找" 的乐趣和妙处。一直以来 Alexandra 就对探索现实和虚拟的关系充满兴趣，在每天的生活中去寻找 "异类"（other）。在这本玩心四起的相册中，Alexandra 藏起图说，把唯一一块真的陨石放在其他 "冒牌货" 中间。翻看这本相册的时候，你会仔细地打量每一块陨石，而答案直到你翻到相册的最后一页才会揭晓。这不是一本可以就着咖啡在 10 分钟内翻完的相册，耐下心 "寻找" 和 "发现" 才是 Alexandra 想要带给读者的体验。

这本相册虽然像一个游戏，但是丝毫不能否认创作者对待它的认真。为了保持每一副画面给读者带来的新鲜感，Alexandra 用醋酸、颜料，扫描、打印等不同方式处理图片，以打破读者预设的观感。同时，在对纸张的质量、触感和翻页体验进行多次尝试后，她决定使用会透页的描绘纸作为图片载体。这样一来，当你在看这一页图片的同时会隐约看到后一页的图，也会不自觉多看几眼同一张上的两张图。这种呈现方式使得图片之间的逻辑不只是简单的

a

承接顺序，同时会产生不同层次感。

　　如果说这个陨石寻找游戏满足了读者的感官，那么它更是在很大程度上满足了 Alexandra 对于创作的想象。100 册的小规模制作几乎卸掉了所谓创作的"天花板"，她能够更加自由地把相册做成自己想要的模样。在确定最终设计样式之前，Alexandra 做了很多样书，收集了不同的装订技术，最后使用了传统的线装方式装订相册，并且选择了黄、蓝、绿、粉四个明亮的颜色作为书封底。除了普通版本外，Alexandra 还制作了附赠"陨石"的特别版相册，这些"陨石"正是拍摄中使用到的石头。它们有的来自博物馆礼品商店，有的来自 eBay，还有一些是手工制作的石头。猜测和寻找这些石头的来历恐怕是 Alexandra 留给读者的另一种"寻找之趣"了。

　　2014 年,《陨石猎人》入围法国 Aperture Foundation Paris Photo First Photobook 奖项，并为 Alexandra 赢得了 FORMAT International Festival 2015 Clifton Cameras 奖项。这些都让 Alexandra 知道其他人也一样认可她的作品，"我更加相信自己的直觉"。

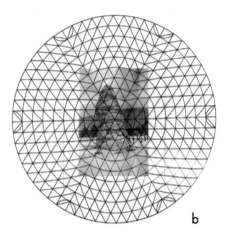

b

c

88-89

d

e

f

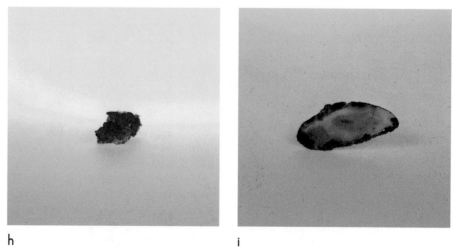

a. 由 Alexandra 拍摄的石头。Collection of found rocks,- photographed.
b. 黑白拼贴、分层醋酸处理照片，图片地点不明。Black and White collage, layered acetate, found photograph, location unknown.
c,d,e. 以￡7.99 价格购买自英国国家历史博物馆礼品店的 Fools Gold。Fools Gold purchased from the gift shop at The Natural History Museum in London, ￡7.99.
f. 手工石头，照片进行醋酸拼贴分层处理。Collage of acetate and handmade rocks.
g. 以￡5.99 价格购买自 Weymouth 礼品店的拉长石，照片进行醋酸拼贴分层处理。Labradorite Rock sourced from Weymouth gift shop, ￡5.99, acetate collage layering.
h. 以￡5.99 价格购买自 Lulworth Cove 礼品店的石榴石蓝铜矿石。Azurite Mineral sourced from Lulworth Cove gift shop priced ￡5.99.
i. 以￡4.50 价格网购的英国玛瑙石。Slice of Agate rock sourced from Internet but found within the UK, ￡4.50.
j. 以￡8.99 价格购买自 Lulworth Cove 礼品店的石榴石。A Garnet rock sourced from the gift shop at Lulworth Cove ￡8.99.
k. 以￡9.99 价格从 eBay 上购买的一部分 Chondrite L5 陨石。 A cut section from an NWA(North West Africa) Chondrite L5 meteorite which was found in the Moroccan Sahara, eBay ￡9.99.

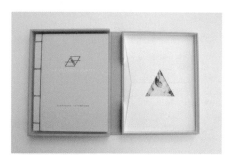
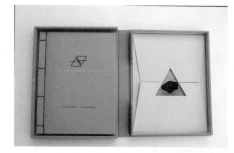

《陨石猎人》相册的封面及包装。
Cover of The Meteorite Hunter photobook.

摄影师 Alexandra Lethbridge。
Photographer Alexandra Lethbridge.

《陨石猎人》相册内页。Inner of The Meteorite Hunter photobook.

92-93

Alexandra 在这次收集《陨石猎人》素材的过程中收到的信件。Some envelopes and objects that Alexandra collected in the process of collating different parts of the project.

gogo×Alexandra Lethbridge

为什么想到做"陨石猎人"这本写真?
我在2014年初开始这个项目,当年9月完成,进展非常的快。一直以来我就对真实(fact)和虚拟(fiction)如何在照片发挥作用的题材感兴趣。太空和陨石就是对这种想法的完美隐喻。

为什么觉得太空和陨石是对真实和虚拟的完美隐喻?
陨石帮助我探索真实和虚幻。地球是代表真实,而太空则是虚幻的隐喻。来自太空的陨石是两者之间的桥梁。

一直都对太空感兴趣吗?
我对太空和太空旅行一直都有兴趣,但主要是围绕着与美学和虚幻相关的东西,例如科幻小说。这类小说基于现实来虚构故事的主题很吸引我。

你选择这些陨石的标准是什么?
我选择陨石的出发点是:我所得到的东西是否是真实的。把陨石拿在手里的感受是很有趣的,好像把我们中大多数人都不会去的地方握在手里。

能告诉我们相册中的哪一块石头是真正的陨石吗?
我认为不知道哪一块是陨石会更好地感受这个作品。

除了陨石外你还喜欢拍摄什么题材的照片?
对陨石的兴趣主要是因为我能够通过这个主题,表达我的那些摄影想法。对于所有能让我表达摄影想法的不同题材照片我都是感兴趣的。

什么情况下你会有按下快门的冲动?
我觉得和大多数摄影师一样,这是一种感觉和本能。你感到面前的东西正是你需要的样子时就会拍下它。我在搜寻图片的原作时也是这样的。

你用手机拍照吗?
我习惯于只把手机当成一个记录的工具,把那些我觉得不错的想法先用手机拍下来,作为日后的提醒。如果真的很感兴趣的话我会再回头用相机重新拍摄。

你出生在香港,最喜欢香港的哪个地方?
香港就像我的第二故乡。我离开香港生活的时间远比在那长,但每次回去都像回到了我的根的感觉。它是我在这个世上最喜欢的城市。我喜欢它是因为,你可以在这个城市里找到如此多不同的地方。我喜欢太平山顶,在那里你可以感受到和中环完全不同的氛围和节奏。航天中心也是我最喜欢的地方之一,我在那能找到很多童年的记忆。

gogo × Alexandra Lethbridge

When and how did you come up with the idea of making the "The Meteorite Hunter" photobook?
I finished the work in September 2014 and I started working on the series at the beginning of the year so this project came together rather quickly. I'd always been interested in the ideas surrounding the work - how fact and fiction play a role in photography and as the work developed, Space and Meteorites became the perfect metaphor for those ideas.

Why you think space and meteorites are the perfect metaphor for fact and fiction?
Meteorites help me to explore fact and fiction in the way that they become objects that function in both Earth and Space. Earth becomes a metaphor for the factual and Space becomes this realm of fantasy. The Meteorite is a bridge between the two.

Do you have any standards when you choose meteorite?
I chose my Meteorite from an interest I had about whether what I was actually getting was the real thing. It played into the notions of reality and fiction that I was playing with. The effect of holding it was very interesting. It causes your perspective to change as you consider that you're holding this piece of another realm – one that most of us will never visit.

There is only one real meteorite in the book, could you show us which one?
That would be telling! I think not knowing which rock is the meteorite is helpful to engaging with the work.

7 Meteorite Hunter: Hunting for a Chance from the Sky

陨石猎人：大地上的星星捕手

木母 | 采访、撰文　周赟、夏雨池、滕青云 | 编辑　Geoff Notkin、童发强 | 图片提供

陨石猎人，除了日月星辰的浪漫主义情怀，更多的还是货真价实的现实：过硬的天文地理、化学等多个领域的知识储备，东奔西跑的风餐露宿，价格不菲的专业装备……即使具备了以上一切，能够成为一名有实际收获的猎人，多少还是得靠点运气。他们的征途是真的星辰大海，也是草原、河流、荒漠、冰川。朋友家人的理解、得到"礼物"的重大时刻，是支撑他们"英雄梦想"的最大动力。

Whether in myth or in requirement by modern science, we hope receive more visitors from beyond our skies, and so the "meteorite hunters" came to being. In America, there are no more than 10 meteorite hunters, and although there are many meteor lovers in China, rarely do people make a living out of hunting it. Modern technology has made meteor hunting much easier, satellite technology can track and relay information about where meteorites may land. However, there is still a lot of luck involved, full of joys and disappointments. Besides expert knowledge of meteorites, a meteorite hunter must be equipped with a range of survival skills: car break down, sand storm, shortage of supplies, and even man-eating ants! The danger and uncertainty surrounding this profession is also where its charms lie.

"如果地质和天文有一个孩子，那一定是陨石。"

关于陨石的传说和神话不计其数。在藏语中，铁陨石被称为"托甲"，意为"天铁"，象征着好运和护佑。俄罗斯人则相信从天而降的陨石能够驱赶妖魔和幽灵。

而在科学家眼里，来自宇宙之外的使者坠落到地球，带来天外和史前的第一手讯息。无论是饱含着美好希冀的神话传说，还是现代科学的殷切需求，都迫切地渴望发现更多坠落在人间的天外来客。

"陨石猎人"的诞生，固然酝酿于这种渴望与需求，然而更驱动这群人的，则是追逐星星背后的理想主义情怀。很多陨石爱好者都能讲出一段充满浪漫主义色彩的、关于星星和石头的故事。陨石可能在任何地点坠落。然而只有在严苛的环境中，这些天外来客才有可能保持坠落之初的状态。因而世界上几大陨石富集地都是人迹罕至的无人地带。从在图册和放大镜下指点江山，到踏入荒无人烟的无人区，从一名陨石爱好者到一个真正的陨石猎人，横跨的路途几乎就是理想与现实的距离。

在美国，职业陨石猎人不超过十位。中国境内的陨石爱好者众多，真正以探寻陨石为生的陨石猎人却寥寥无几。俄罗斯民族很早就有关于陨石猎人的记载。他们甚至专门训练猎犬，以便在严寒地带进行搜寻。现代科技为陨石猎人带来了更多帮手：金属探测器能够探测地下含有金属的物体，现代卫星的讯息可以告知陨石坠落的大致方位。即便如此，探寻陨石的路程依然充满了运气与偶然，交织着失望与惊喜。除了将关于陨石的知识烂熟于心，陨石猎人们还要面对野外生存能够遇到的一切问题：汽车抛锚、沙尘肆虐、饮用水短缺，甚至是食人的蚂蚁。

从某种程度上看，所有这些危险和不确定，似乎也成为这种稀有职业的魅力和吸引力之一。出现在照片和电视屏幕上的陨石猎人，很容易让人联想到西部的牛仔。比起那些前数码时代的冒险英雄，陨石猎人除了要具备与之相同的强壮体魄和一往无前的冒险精神，还必须拥有更清醒的头脑以及更沉着的内心。他们是当下的探险者、冒险家，我们这个时代的印第安纳琼斯。

从2010年到2011年,《陨石猎人》(Meteorite Men)在美国科学频道已播出了三季,不仅为杰夫收获了大量粉丝,也让更多人了解到陨石猎人这一神奇职业。在今年的夏天,杰夫和他的搭档史蒂夫还将在名为《陨石猎人不设限》(Meteorite Hunters Unlimited)的电视节目中继续陨石探寻之旅。From 2010 to 2011, 3 seasons of "Meteorite Men" were aired, attracting a loyal fan base and lets people know of the amazing profession that is meteorite hunters. This summer, Geoff and his partner Steve will continue their passion in "Meteorite Hunters Unlimited".

陨石有可能在任何地方坠落:草原、河流、荒漠、冰川甚至海洋。相比之下干燥的沙漠更宜于陨石的保存。Meteorites can drop anywhere: grassland, river, deserts, tundras and ocean. The dry deserts are best for preservation of meteorites.

Geoff Notkin: Meteorite Hunter, Rock Star

杰夫·诺金:
陨石猎人,
摇滚明星

杰夫·诺金(Geoff Notkin)的身上拥有无数闪闪发光的头衔,他拥有一颗以自己的名字命名的小行星,他是世界上最大陨石公司Aerolite Meteorites LLC的总裁,是热门真人秀节目《陨石猎人》(Meteorite Men)的主角之一,在今年的夏天,还将在另一部名为《陨石猎人不设限》(Meteorite Hunters Unlimited)的节目中露面。节目组为他和他的搭档史蒂夫(Steve Arnold)打造了卡通造型:酷酷的、既充满蒸汽朋克风,又带着西部牛仔的不羁劲头——与他出现在杂志封面和个人网页上的形象一样。他的传奇经历和人生故事已经写成了两本书。最近的一本被命名为《Rock Star》。这个书名一语双关,贴切得名至实归。作为一名职业陨石猎人,杰夫现在的生活与冒险,就是在寻找从太空坠落人间的"石头"。但再往前追溯,他曾经是艺术指导、打击乐手,也担任过朋克乐队的鼓手——一个货真价实的摇滚明星。

当这个"Rock Star"的声音横跨太平洋和15小时的时差从网络那边传来,多少有点出人意料——没有想象中那么酷,充满了欢快的语调,仿佛吸收了西部沙漠一整天的阳光。2004年1月8

日,杰夫告别了繁华的曼哈顿,带着一把雅马哈电吉他、他心爱的猫咪、几本最喜欢的书、最钟爱的陨石、几张自己的珍贵留影,独自一人驾车几乎横跨了整个美国,来到亚利桑那州的图森市,一个比邻索诺拉沙漠、比纽约荒凉100倍的城市。过了近一个月,他的行李才经历了漫长的河运,抵达他的新家。对杰夫来说,图森市拥有配套齐全的化学研究机构,可以检测、研究陨石。更重要的是,世界最大的矿物宝石展每年定期在这里召开,因而这里被陨石爱好者称为"世界陨石之都",也促成了一年一度陨石猎人们的聚会。

决定从纽约搬到索诺拉沙漠那年,杰夫已经43岁。对他的举动,大部分朋友并不能完全理解。甚至还有一个朋友大声预言:"不出半年,你就会从你那个可笑的宝藏沙漠里夹着尾巴回来的。"十年后,2015年的春天,坐在位于"沙漠"的家中,杰夫哈哈大笑着回忆起了这段经历。

他的猫咪Bonnie"喵喵"叫着蹦上他的肩膀,对着话筒向好奇的中国访客打着招呼。它的主人、杰夫同样非常兴奋。"这是第一通打往中国的Skype电话。"杰夫带着点夸张的语调这样讲到。他并不知道,自己书写的关于陨石、地球的论文,在中国的网站——"知乎"上被网友频繁引用。从某种程度上来说,他早已成为了很多中国网友的良师益友。在他看来,自己与中国的渊源存在于搬来索诺拉沙漠之前:还在纽约居住时,他曾有个交往很久的中国裔女友,他还曾跟着一位中医学习太极。

这些与中国的小缘分不过是杰夫过于丰富的人生故事的微小点缀。作家、摇滚乐手、电视明星……所有这些身份都不如"陨石猎人"更让人不明觉厉。即便在户外运动越来越普及的今天,全美国的职业陨石猎人也不超过10个。这份神奇的工作不仅要求有地质、化学、天文各领域的综合知识,难以预料的环境更是对猎人们倍加考验。从1990年代初开始,在二十多年的时间里,追寻着陨石的足迹,杰夫走过了45个国家。从澳大利亚红色土壤的内陆到智利的酷热沙漠……他的足迹留在了各种让人惊异的地方,他甚至还乘坐一驾前苏联生产的军用飞机横穿了西伯利亚的严寒冰川。很多他的亲身经历似乎都只应该出现在电影中。而这些如同冒险电影一般的人生经历,源头不过是一个少年的梦。

杰夫·诺金生于纽约,在伦敦长大。他印象最深刻、也最津津乐道的一个童年瞬间发生在7岁那年。在伦敦地质博物馆里,他有生第一次看到了陨石。回忆起英国度过的童年时光,在地质博物馆的闲暇时刻是杰夫最甜蜜的记忆,也是最让他着迷的经历。

如果说对地质和岩石的热爱萌芽于博物馆,对天空的探索兴趣则完全来自家庭的耳濡目染。杰夫的爸爸是一个狂热的天文学爱好者。"哦,我们家有一架很大的望远镜,"杰夫补充道,"中国生产的。"8岁那年,恰逢阿波罗11号登陆月球。杰夫偷偷翘课回家,守在电视机前屏吸等待着"人类的一大步"。

"如果说地质和天文有一个孩子,我想那就一定是陨石。"亲手找到一块陨石的梦想,早早地在杰夫心中种下。与此同时,冒险的基因似乎也开始在他的体内生长:11岁那年,在一次前往冰岛的家庭旅行中,杰夫差点掉进一个活跃的活火山。

这个深埋许久的梦想在二十多年后才终于发酵。成年之后,杰夫先后在波士顿、纽约学习了地理和天文,他还为自己的不安份的心找到了朋克音乐。然而接近而立之时,他心中的一个声音越来越响亮。

"我想,是时候了!"

在成为陨石猎人的第一天,杰夫就找到了一块陨石。

他当时的心情激动得无法言表。"想想多么神奇啊!这是一块来自地球之外的碎片,它有几千年、几万年的历史,而我竟然是地球上第一个见到这个天外来客的人!"

这次发现对他来说,是天大的运气,但从另一方面看却也是一种不幸——在接下来的很长一段时间,他都没有这份一击即中的好运,待到发现第二块陨石,他足足又等了两年时间。而在这个过程中的冒险与乐趣,吸引着杰夫一次次踏上征程。

1994年,杰夫收到了一封陌生人的电子邮件。"你知道,那时候只有很少的人使用电子邮箱,在美国几乎只有AOL一个服务商。所以你能想像,收到一封电子邮件多让人高兴——而且还是一个你不认识的人寄给你的。"寄信者署名史蒂夫·阿诺德(Steve Arnold),他在邮件里告诉杰夫,自己是一名专业的陨石猎人,正计划一场前往南美的陨石发现之旅。

在很久之后,杰夫才了解到,史蒂夫一共寄出了7封信。"他在AOL网站上搜索,给每一个在个人介绍中提到自己是陨石猎人的账户都发了消息。"7个人里,杰夫是唯一回信的。

在二十多年陨石探猎生涯中发现的陨石,是杰夫眼中最大的珍宝。
Meteorites found in over 20 years as a meteorite hunters are the greatest treasures to Geoff.

Geoff Notkin is the owner of many flashy titles, he has a asteroid named after him, he is the CEO of the worlds larger meteorite company Aerolite Meteorites LLC, he is a main character in hit reality series "Meteorite Men", as well as "Meteorite Hunters Unlimited". Him and his partner Steve Arnold rocks an image that cross-overs steampunk and cowboys, appearing on magazine covers and personal websites. His stories have already been written into 2 books, the most recent one called "Rock Star", literally capturing the essence of who he is. As a meteorite hunter, Geoff lives on the edge, seeking the "rocks" that descend from the heavens. Before this, he was an art director and punk rock band drummer- a true rock star.

In January 2004, 43 year old Geoff left the bustling Manhattan with his Yamaha electric guitar, beloved cat, a few books, several meteorites, and a few photographs and travelled across America to arrived at Tucson Arizona, a quiet city besides Sonoran Desert. Despite the subtlety of this city, it is known as the "meteorite capital of the world", boasting the most advanced meteorite related equipment and technology, and hosts the worlds largest precious rocks exhibition.

When we connected with this "Rock Star" from across the Atlantic Ocean, we were surprised by the warmth and passion in his voice, with his cat Bonnie perched on his shoulder purring at the Chinese audiences. "This is my first Skype call to China!" Geoff exclaimed happily. What he doesn't know is that his works has been regularly cited on "zhihu", a Chinese website, and many are well acquainted with him.

Geoff was born in New York and grew up in London. His most cherished childhood memory was when he first saw a meteorite in the London Geological Museum at the age of 7. His father was an astrology fanatic, and at the time of the Apollo landing, 8 year-old Geoff skipped school to witness this "one giant leap for mankind". "If geology and astrology had a baby, it would be the meteorites"- so began his dream of hunting meteorites. He attended geology and astrology courses in Boston and New York University, and on his first day as a professional meteorite hunter, Geoff found his first meteorite. Words struggled to describe his excitement at the time, "Isn't it amazing! This is a fragment from outside of Earth, it has thousands, if not millions of years of history, and I am the first person on Earth to see it!"

In over 2 decades from 1990's , Geoff followed the tracks of meteorites across 45 countries, from the red plains of Australia to deserts of Chile, and even across the Siberian glaciers in an ex-soviet military plane- Geoff has set foot in the craziest of places. His personal experiences are like those that appear in movies, and all this adventure and excitement all stems from a childhood dream.

找到同伴的欣喜是难以言表的。杰夫兴冲冲准备着与史蒂夫一同前往智利沙漠。这一举动在他的朋友看来，无异于"发了疯"。"他们说，你一定是疯了，那个鬼地方就算你死在里面，也没人知道。"

他还是和史蒂夫一同踏上了寻找陨石的旅程。在短短三周的时间里，他们找到了多块陨石。更重要的，这是他们友谊的开始。"从智利回来，我才发现我们是同一天生日！"

奇妙的缘分、对陨石相同的热情，让这对搭档共同踏上了一次次探寻的旅程。他们彼此都喜爱与对方一同工作。"我们俩做事情的方式非常不一样，想问题的方式也是。来到野外，我们也许会分头行动，然后交换信息，这也提高了工作的效率。"然而更重要的是，彼此的陪伴为孤独而又布满艰辛的探险之旅，提供了慰藉——无论是从心理层面上，还是实际行动上。"你知道，在野外，你不得不面对各种各样的突发状况，比如车子突然抛锚。而且并不是每一次出击都能找到陨石，有人陪在身边，能让你不那么沮丧。"杰夫解释说，这也是为什么，大部分陨石猎人都会选择两人或者小团队一起出行。"不过也有例外，我认识的一个陨石猎人，他总是一个人出发，带着他的大狗。他也成了一个相当传奇的独行侠。"

一个是陨石猎人圈最资深、也最有名的"猎人"，一个是文笔动人前艺术家和科学作者，史蒂夫和杰夫的组合自然成为媒体青睐的宠儿。他们数次登上 PBS 和探索频道的节目。2007 年冬天，电视制作公司 LMNO 的制作人罗斯·里温 (Ruth Rivin) 找到他们，问他们有没有兴趣参与一档连续电视栏目。在持续讨论了几个月之后，2008 年二月，制作人伊丽莎白·米克 (Elizabeth Meeker) 飞到图森市，在沙漠中跟着他们进行了一天的拍摄。然而直到这时候，是否制作这档史无前例的真人秀，仍然悬而未决。试拍的录像带小样出来后，LMNO 的总裁兼 CEO 埃里克·肖茨 (Eric Schotz) 邀请这对搭档会面，同时出席的还有一些美国电视界的大佬。穿着一身户外服装，史蒂夫和杰夫前往华盛顿。与他们一同前往的，还有价值约一万美元的陨石。这次具有诚意的会面打动了科学频道。他们提出，先制作一集一小时的特辑栏目。

三辆四轮驱动卡车，两台装甲运输车，两个大块头的金属探测仪……带着这些探寻设备，一群人浩浩荡荡前往堪萨斯拍摄。他们行走了数百里地，在堪萨斯九月气急败坏的风中进行拍摄。森林、荒野、山地、废弃的农田、没有标记的泥泞公路……每一处都是拍摄的地点。三台摄像机事无巨细地捕捉探之旅每一个时刻。这一特辑受到了广泛的欢迎。科学频道当即决定，制作一季六集的真人秀。

"制作人在拍摄前跟我说，希望我每一集都能找到一块陨石。"听到这一"要求"，杰夫不由放声大笑。实际上，从 2010 年到 2011 年，真人秀《陨石猎人》制作了三季，一直到倒数第四集，这对拍档才终于在俄罗斯境内找到了一块陨石。期间的辛苦自不必说，更多考验团队的是心理的折磨。"有一次我们前往瑞典北极圈内寻找，还有一名当地的陨石猎人加入我们。当时正是夏天，一天白昼时间接近 20 小时。我们连续工作了整整三天——也就是有 60 个小时暴露在阳光下。"因为有陨石坠落的确切记录，所有人都抱有希望：也许再多找一会也就能发现。但是杰夫明白，总要有人做出决定，在适合的时候选择放弃。

节目在电视上播出以后，杰夫尝到了成为"电视偶像"的感觉。但他更多的时间，还是在为陨石的普及做着一些琐碎的工作。他开办的公司经常接到各方的求助电话。"有的年轻人打电话给我们，他的爷爷过世了，留下了一块陨石，他不知该如何处理。"更多的求助来自学校、研究机构，从宇宙科学到自然科学，无数领域期待着这些来自太空的礼物带领人类获得答案。而作为有幸能与陨石第一时间打交道的人，杰夫也经常被学校请去进行主题演讲。

虽然工作繁忙，但《陨石猎人》的热情粉丝们还是促使杰夫、史蒂夫和制作方推出了新的节目。制作《陨石猎人不设限》时，有个小小的挑战：后期制作团队希望采用一段来自金属探测器的清晰音频片段。但他们使用的是埃克斯卡利伯神剑二号（Excalibur II）——防水，没有外置扬声器也无法通过麦克耳机连接。幸运的是，杰夫有一个小的录音室，得以将探测器耳机里面的模拟信号转成数字。"这要感谢我的朋克岁月。"他笑着说。

是的，这个陨石猎人，Rock Star，仍然爱着摇滚。

杰夫作为一名陨石猎人的传奇经历已经写成了两本书。最近的一本被命名为《Rock Star》。在作为"陨石猎人"被人熟知之前，他担任过一个朋克乐队的鼓手，是一个货真价实的摇滚明星。Geoff's legacy as a meteorite hunter has been written into 2 books, the latest called "Rock Star", which was exactly what Geoff was before he became known as a meteorite hunter.

活跃在电视、演讲、纸端的杰夫,是一名成功的陨石猎人,也是一个知名的科学写作者。Active in TV, lectures and writing, Geoff is a successful meteorite hunter and a famed academic writer.

寻找陨石的过程往往是艰苦的,猎人们需要背着沉重的金属探测仪。The search for meteorites is a tough one, hunters need to carry heavy metal detectors.

98-99

即使有科技支持,藏匿野外的陨石有大有小,真能找到它们还是要靠一点运气。科学家们根据陨石中金属和硅酸盐的含量、结构和构造以及它们的成分差异,将陨石分类为: 铁陨石、石铁陨石和石陨石三大类。Despite support of technology, hidden meteorites come in all shape and sizes, finding them takes a lot of luck. Scientists categorise meteors into iron meteorite, pallasite and stony meteorites depending on its composition.

陨石爱好者们时常会一起出行搜寻陨石。Meteorite hobbyists often go on expeditions together.

Tong Faqiang: the Career is a Family Gift

童发强：子承父业的"追星人"

去年一年，童发强没有在野外跑，而是坐在自己新开的陨石商店里。这种店和家两点一线的生活，远比野外东奔西跑的日子规律安稳得多，但他却觉得"颇为不习惯"。

在陨石爱好者圈子里，乌鲁木齐父子童先平和童发强的故事已经成为一则传奇。

1996年，童先平辞去了工商局公务员的工作，准备去做宝石生意。一次南下广西的火车上，有旅伴和他聊起了陨石。

那时候，童先平甚至不知道陨石长什么样。他找到一个专门研究陨石的教授，问出了许多今天看来十分"可笑"的问题。"天上的星星落到地上什么样？是不是还发亮？"然而教授的一句话为他点燃了希望。教授告诉他，新疆是世界三大陨石富集区之一，特别是塔克拉玛干沙漠，干燥的环境非常利于保存陨石。在那里，多种类型的陨石都有分布。

他第一次走进沙漠寻找陨石是在1996年年底。他背着一只25公斤装的面粉布袋踏上了从乌鲁木齐前往塔克拉玛干的火车。布袋里面装着军用水壶、30多张馕和自家腌的萝卜干。身上唯一的"现代化"工具，是花3块钱在地摊上买的玩具式指南针。然而直到踏上火车，对于陨石长什么样，童先平依然没有概念。他沿着塔里木河走了3天，一无所获，最后失望而归。之后的几次的独自探索都以同样的结果告终。

真正发现第一块陨石是在1997年1月，他和两个同伴一起再度进入无人区。正当三人都认定这是另一趟无功而返的旅程时，他们在一个小沙丘的顶部发现了一个"小黑点"——一个鸡蛋大小的石头。三个人拿着磁铁不断测试，就这样，他得到了一块铁质陨石。

当晚，在沙漠宿营地，三人高兴地干掉了一瓶52度的昆仑特酿白酒。童先平的高兴发自心底："星星就装在上衣口袋中，感觉特别幸福。"

然而这种幸福感，在很长一段时间里，并不被人理解。即便在成为职业陨石猎人之后，这些坠落人间的星星也并没有给童先平带来太多的财富。而为了在野外的勘探，童先平购置了成套的户外服装、金属探测仪器，还专门购买了一辆沙漠车。找到的陨石，大多卖给了朋友。"有的朋友家境比较好，能多给一点，"童发强回忆说，"但是大部分人还是不能体会在外面奔波的辛苦。"

在很长的一段时间，甚至童先平的家人，都没法理解他所做的事情。"我的爷爷奶奶不能，说实话，我也不理解。"童发强坦言。

让童发强转变观念的是和父亲的一次旅途。2007年，童发强大学毕业。他上了一年多的班，每月拿着650块的工资。童先平计划着将儿子送去宁波，跟着自己的一个朋友开公司闯荡闯荡。那是童发强第一次走出新疆。在去宁波之前，他跟着父亲，带着一块陨石去省外参加了一个陨石爱好者的聚会。在聚会上，父亲拿出那块陨石，人群一下聚拢起来，不停有人向父亲提问。

"他拿出那块陨石的时候，我对他的观念转变了。"当天晚上，童发强对父亲说，他不想去宁波了，想回新疆，和父亲一样做一个陨石猎人。灯光下，父子俩碰了杯酒，童发强看到了父亲眼中的泪光。这是父子俩相互理解的重要时刻，也是童发强踏上陨石猎人道路的起点。

童发强发现第一块陨石的过程也混杂了失望与惊喜——与父亲最早几次经历一样。他和父亲一起开车进入无人区。一路上都没有收获，父子俩正开车折返。透过车窗，童发强看到一个"小黑点"，赶忙让父亲停下来。捡到那块小石头，他拿回车上让父亲看。父亲表示，看着确实挺像的。

从"看着像"到确定真的是陨石，还要经过一番工序。一些陨石可以自己动手进行鉴定。比如铁陨石可以用95%酒精和5%硝酸溶在表面涂抹，橄榄陨石可以自己做切片鉴定。石陨石因为在坠落时通过大气层，表面会留有燃烧和撞击的痕迹。进一步的确定则需要经过切片和取样，送到中科院、南京紫金山天文台这样的机构。

父子俩同为新疆陨石收藏家协会的会员。新疆的陨石爱好者有200多人，童发强的加入给这个机构带来了新的活力。他会上英文网站，看国外如何探寻陨石；会用谷歌地图查看高清晰的卫星照片，判断某个区域是否存在陨石坑。他还学习了一些比较先进的陨石鉴定技术，并与其他爱好者分享交流。

虽然圈内人都说陨石追寻之路是"十回九空"，然而

In the meteorite hobby circle, Urumuqi father and son duo Tong Xianping and Tong Faqiang's story has become legendary. In 1996, Tong Xianping quit his job as a civil servant and hopes to start a gem business, and a conversation with a friend about meteorites changed his life forever. His first voyage into a desert in search of meteorites happened in the end of 1996, and he only found his first meteorite in January of 1997. The joys of such a find was understood by few, especially when the occupation as a meteorite hunter didn't bring Tong Xianping much money.

Even his son Tong Faqiang didn't understand at the time, but this soon changed after his father brought him on a trip. In 2007 when Tong Faqiang graduated, he worked for a year getting 650RMB per month. His father planned to send him to Ningbo to do business with a friend, but before Ningbo, he followed his father (and a piece of meteorite) to attend a meteorite hobbyist gathering. When his father brought out the piece of meteorite, people surged forward and kept asking questions, "when he brought it out, my doubts were casted aside". He decided to follow his father back into Xinjiang to search for meteorites together. His first encounter was also an unexpected one, after days without success, the disappointed duo decided to head back, this was when Tong Faqiang saw the "little black dot" through the car window.

Both father and son are members of Xinjiang's meteorite association, consisting of over 200 members. Tong Faqiang was a much needed addition to the group, setting up an english website, usage Google map and more advanced equipments. With his help, the amateur meteorite lovers gained deeper understanding for the craft. A hunt for meteorites rarely come to fruition, but compared to when they first started, their expeditions were more purposeful, "we don't go out now unless we have clues and leads".

100-101

北极星全地形车是沙漠探险的好伙伴。The Polaris ATV is a good desert companion.

金属探测器可以探测一定距离内,地下是否有含金属的物体。没有它的帮助,在戈壁跑上二十年也许都没法找到陨石。Metal detectors can find metallic objects beneath ground, without it, the mission is almost impossible.

童发强通过 Google 地图发现当地有可疑的坑状痕迹。时值冬日,地表已经被积雪覆盖,只好近距离一探究竟。Tong Faqiang found clues using Google map, but ground surface was covered by snow, thus requiring close quarter examination.

刚从塔克拉玛干沙漠出来、几天没洗澡的童发强,迫不及待地让父亲用洗车器里仅剩的那点水帮他冲洗头发里的沙子。Just out from the Taklamakan Desert, a dusty Tong Faqiang washes dust out of his hair with the little water left in his father's car washer.

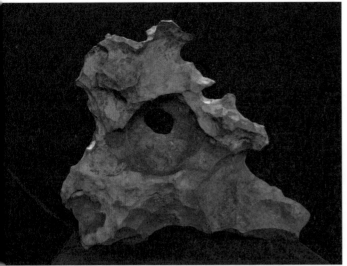

CANYON DIABLO 铁陨石,83公斤,发现于美国亚利桑那州巴林杰陨石坑。坠落至今大约50,000年。相比同类陨石,带有孔洞的陨石往往具有更好价值。Canyon Diablo meteorite, 83kg, found in Arizona USA, 50,000 years since impact. Amongst similar meteorites, those with holes in it often fetch a better price.

橄榄陨石切片,这一类陨石是陨石中最漂亮的。An intersect of a pallasite, the prettiest of meteorites.

比起父亲刚开始做陨石猎人的时候,现在父子俩跑野外要有目的性得多。"没有线索,我们现在基本不会跑了。"每一次去野外,跑上两千公里是家常便饭。"野外用品、消耗品,基本上每次出门都是几千块的花费。"

父亲经历的不理解,在童发强身上又重新上演了一遍。2014年,他走进婚姻殿堂。这也是他开陨石商店的原因之一。原本东奔西跑、风餐露宿的生活,不能得到丈人一家的理解和首肯。而另一个原因是,在几年的陨石猎人生涯里,他看到了陨石背后的巨大商机。"尼克松总统访华的时候,他送给毛主席1克的月球陨石作为礼物,所以你想想,这是多么珍贵啊。"在佛教徒眼里,陨石被视为"天铁",具有非凡的意义。而国外最近的流行是将陨石做成婚戒和饰品。

但这种平凡安稳的日子仍让童发强心痒痒。塔克拉玛干沙漠夏季酷热、冬季寒冷,一年中真正适合野外作业的日子,不到半年时间,最适宜的时间是秋天和初冬。"去年一年忙着店里,9-10月做手术修养,这一年就算是浪费了。"说起来,童发强有点惋惜。"不过,我父亲还继续跑着。"

陨石搜寻"十次九空",能发现这样小小一颗也颇为不易。Meteorite hunts are rarely successful, even finding a small piece is difficult.

However, the same misunderstanding of the father was repeated in the son. After Tong Faqiang got married in 2013, his in-laws disapproved of this nomad lifestyle, which is why he opened his own meteorite shop. In the past year, Tong Faqiang did not go on expeditions, but sat in his store and lived a "stable" life. He saw business opportunity in the meteorite business, but at the same time, his heart itched to get back out there. "At least my father is still out hunting!"

Cosmic Egg, Babel and Beast of Earth Burden

卵生宇宙、通天柱与驮地兽

赵凯 | 撰文　尹丹 | 编辑

康德说："有两样东西，我们越是持久和深沉地思考着，就越有新奇和强烈的赞叹与敬畏充溢我们的心灵，就是我们头顶的星空和我们内心的道德律。"早在文字尚未发明的旧石器时代，生活在地球上的人类已经开始以宇宙星空为对象，进行持续的观测和思索。在天文学高度发达的今天，人类依然对许多宇宙难题一筹莫展，而上古的先民们只能将宇宙比附成某种粗浅直观的形态。他们将这种宇宙观植入本民族的宗教神话之中，并作为整个神话故事的背景和出发点。

In the stones ages before words were invented, humans living on Earth has already began to ponder about the stars and universe. Due to lack of knowledge and technology, our ancestors can only compare the universe to rough forms. They implanted these views of the universe into mythologies, acting as the background of these ancient tales. There are 3 representing universe concepts: The Cosmic Egg, Pillar of Heaven and Beast of Burden.

宇宙卵 / Cosmic Egg

很多神话都将宇宙最初的状态表述为一片暗淡的混沌。关于混沌如何生发出最初的宇宙，说法之一是"自生说"，例如壮族神话认为："先是宇宙间旋转着一团大气，那大气渐渐地越转越急，转着转着，形成一个大圆蛋，大圆蛋有三个蛋黄。后来大圆蛋爆炸开来，三个蛋黄分为三片，飞到上边的一片变成了天空，降下来的一片成了海洋，落在中间的一片，成了大地。"

另一种说法是"神创说"，最典型的就是《圣经·创世记》所记载的上帝创世的神话。类似的还有玛雅神话和伊朗神话。据南美奎什玛雅人的圣书《波波尔·乌》记载，最初的世界中只有造物主特拍和古库玛茨，他们创造了所有的动物；伊朗神话则说："神从无中从事创造，从而展示了其神奇之力，混沌之际，他轻而易举造成了自然界，基本元素应运而生。"

In various mythologies around the world, the origins of the universe are roughly separated into 2 categories. The first is that the universe was born from some form of matter (like an egg), and the second is that it was created by divine power. The "egg" theory originates from human's worship of reproduction. Our ancestors believed that like humans, everything has a life and spirit, and thus can reproduce. They studied the pregnant women, their bulging belly was like a giant egg, and when their waters broke, it was like when an egg was cracked. They attached this belief to the universe, comparing its birth to that of a giant "cosmic egg"

还有杂糅了"自生"和"神创"而成的说法。一类是"从卵到神"，比如中国三国时期的《三五历纪》中说："天地混沌如鸡子，盘古生其中，万八千岁，天地开辟，阳清为天，阴浊为地。"讲的就是从卵中生出了盘古，而盘古开天辟地。古埃及神话中，最初的世界中只有水，在水中诞生了太阳神——拉（或"阿吞"）神，他创造了世界。另一类是"从神到卵"，希腊神话中原初神卡俄斯（混沌）娶女儿倪克斯为妻，生下幽冥神厄瑞玻斯，厄瑞玻斯赶走父亲，与母亲（也是姐姐）倪克斯交合，生了一个蛋，从蛋中孵出爱神厄洛斯，赫西俄德的《神谱》将他视为世界之初创造万物的基本动力。

虽然宇宙的起源神话在世界各文化中有不同的表现，但大略无非两种类型。一种是宇宙从某种原初的物质（比如"卵"）中自发产生的，一种是由神用某种方式创造的。为什么大多数民族会认为世界是由"卵"变来的？学者认为，"卵生说"与人类的生殖崇拜有关。人类先民认为世间万物和人一样都有生命，有灵性，也会交合而生育。先人们观察到妇女怀孕，隆起的肚子就像一颗巨大的鸟蛋，妇女生产时流出的羊水，很容易比附成蛋破裂流出的蛋清。同样，宇宙自然也会被想象成产生于一个巨大的"宇宙卵"。"宇宙卵"是人类生殖想象的比附，还可以从另一个方面得到证实。《道德经》说："谷神不死，是为玄牝，玄牝之门，是为天地根。绵绵若存，用之不勤。""玄牝"是女阴的象征，而"谷"是空虚、包容、接纳，指的也是母体中的生殖器官。在希腊神话中，原初神卡俄斯的名字，最早的意思是"裂缝"、"张口"，也是女性生殖器官的象征。

通天柱

在神话中，宇宙被分为天上、地上和地下三界，三界之间并不是完全隔绝的，将整个宇宙连为一体的就是"通天柱"，或者被称作"宇宙轴"。

在中国神话中，天地之间本来可以自由往来的，但是蚩尤之乱后，黄帝的继承者颛顼对天地间的秩序进行了一次大整顿，导致天地之间的距离越来越大，此后，人类和神仙只能通过区区的几根通天柱来往。被称作通天柱的，既有不周山、昆仑山、五岳等山脉，还有"建木"、"扶桑"等巨树。

《圣经》则将西奈山、锡安山视为通天柱。在西奈山上，上帝将《十诫》传给摩西；至于锡安山，《圣经·诗篇》中说："大君王之城，在背面居高华美，为全地所喜悦，神在其宫中自显为避难所。""只有手洁心清、不向虚妄、起誓不坏诡计的人"才可以进入此山。《圣经》中也曾描述了类似"绝地天通"的事件，上古先民们曾在一起搭造一座巴别塔，上帝却设法让人说不同的语言，因而不能协作，塔就倒塌了。

希腊神话的圣山是奥林匹斯山，山上住着宙斯与众神。同样，在阿尔泰的神话中，阿克托松山上也居住着性情轻浮、喜欢赌博的众神。他们常常拿分管的牲畜和野兽来当筹码。要是哪个神仙输了，他所掌管的牲畜就会死去，野兽则迁徙到其他地方去。这样一来，牧人会遭受损失，猎人则打不到猎物。一旦出现这种情况，当地人就会请来萨满，问明是哪个神仙赌输了，然后向他献祭，让他得到补偿。

印度人的宇宙山是须弥山。相传这座山位于宇宙中心的大海上，正对北极星。山上住着梵天、毗湿奴和湿婆三位大神。而阿什瓦尔特哈神树是宇宙的支柱，能支撑宇宙保持稳定和平衡，它的果实具有神力，能让人长生不老。树上栖息着一群神鸟，保护神树不受侵犯。

将大树视为通天柱的还有埃及人、玛雅人、古俄罗斯人等。有时，巨树不仅具有通天的神力，还是生命的起源。哈萨克族神话《加萨甘创世》描述了大神加萨甘创造人类的过程：他在大地上种植了一棵生命之树，用树上结的灵魂创造出人类的始祖，并使他们结为夫妻，繁衍后代。

在远古时代，山峰的高度和姿态都使人崇敬不已，人们认为它们是永恒的化身。古人认为山巅之上必然是天神专属的圣地；而树有树冠、树干和树根，恰好象征了天上、地上和地下的"宇宙三分法"，同时，树一直向上生长的特性，也让先人们产生"通天巨树"的丰富联想。

驮地兽

古人凭借生活经验认为，无论什么东西都不可能没有支撑而凭空悬浮，宇宙应该也是建立在某个支柱上，于是就有了宇宙柱的想象。可是，柱子本身又靠什么支撑呢？

在易洛魁人的神话中，上帝在创世之初决定在最先出现的海洋中种一棵参天大树。神灵们把树需要的土从海底掏出来，安放在巨龟哈赫·胡·巴赫背上。巨龟背上的土越来越多，渐渐形成大地和高山。

而在中国，共工撞倒天柱不周山的传说中，女娲砍掉一只巨鳌的四条腿来支撑摇摇欲坠的天地四方。印度神话里也提到巨龟之上立着四只巨象，巨象的背上驮着大地。

除了巨龟之外，背驮大地的还有大鱼。蒙古布里亚特人的神话中说，神母诞生于金柳树下，她在建造宇宙的时候，在大海的漩涡里造出了一只大鲸鱼，并把大地建在鲸鱼的背上。阿尔泰神话里，驮着大地的鲸鱼是两只。一只吐出冷气，另一只吐出暖气——吐出冷气的时候，季节步入秋冬；吐出暖气的时候，则是春夏。俄罗斯神话中，大地被安放在鲸鱼背上。当鲸鱼摆动尾巴的时候，就会发生地震。

在岛屿文明的神话中，鱼不但是宇宙的支柱，还是大地本身。日本的创世神话中，第一批岛屿像鱼一样从大海的漩涡中缓缓浮现。同样，在新西兰的神话中，英雄毛伊将钓钩丢进海里，用自己的血液弄湿钓饵，钓来一条巨大的鱼，它就是人类最早居住的大陆。

青蛙也是常见的驮地兽。比如在阿尔泰神话中，大神奥楚尔曼和洽岗·苏古特将一只青蛙拖出水面，使它肚皮朝上，接着将水里取出的泥土放在上面，形成大地。贝加尔的埃文克人也认为大地安放在一只翻肚的青蛙上。

除了水中生物之外，陆地上的动物也会充当驮地兽。古代吉尔吉斯人认为陆地是被放置在一头巨大的公牛角上的。因为大地太重了，公牛经常会把支撑点从一只牛角换到另一只牛角上，就会引发地震。还有一种传说提到，一只牛角已经被折断了，当另一只牛角被折断的时候，世界末日就要来临。

古人在构想驮地兽的时候，将脚下的土地想象成巨兽的外壳或皮毛。地形起伏，是巨兽身形轮廓的再现。河流沟壑，则是身体上的纹路或伤痕。而且，在各文化的驮地兽神话里，具有明显的地域特征。内陆文明多半指向陆地上的生物，例如牛、鹿、象，而近海的文明，则是龟与鲸鱼。

Pillar of Heaven

In ancient mythology, the universe is separated into the 3 realms of heaven, earth and hell, but the 3 realms were not complete separated but linked together by the Pillar of Heaven, also known as the "axle of the universe". Chinese mythology, Greek mythology and Indian mythology all had holy mountains and holy trees. People worshipped the height and strength of mountains, believing it to be the symbol of eternity. The ancients believed that on the top of mountains there must be something which belonged to the gods or heaven. Meanwhile, a tree consists of its crown, trunk and roots, coincidentally symbolising the separation of heaven, earth and hell, and the vertical growth of the tree inspired imaginations of a pillar reaching the heavens.

Beast of Burden

Our ancestors believed that everything needed support, so what supported the universe? The obsession to this question became the basis of the Beast of Burden. They imagined the ground beneath them to be the shell or fur of the beast, the landscape was its form, while rivers and canyons were wrinkles or injuries. Various versions of the Beast of Burden in different cultures reflected their unique surroundings: in-land civilisations compared the beast to animals such as cow, deer or elephant, while coastal civilisations would compare the beast to tortoise and whales.

9-1 Records of Space Music

太空声响漫记

汪宇 | 撰文　徐晴 | 编辑

"我们生活在严寒黑夜 / 人生好像长途旅行 / 仰望苍空寻找出路 / 天际却无指引的明星。"——塞利纳《茫茫黑夜漫游》

所有的星星都在忙于闪耀明灭，无暇顾及迷路的人，我们只能乘着飞船或者出租车驶向未来。而所谓未来，也不过是另一片黑夜而已。然而人们要跟黑暗对话，成为太空里的放牧者，将不可言说的精神投射于天体之上，或许可以消解黑暗里的孤独和迷惘。而那些仰望太空所作的音乐，大概也是半部关于流放和忏悔的宇宙编年史。

毕达哥拉斯学派认为诸多天体都有其特定的速度和运行轨道，而它们的旋转运行则会产生出各式的音色与旋律，他们将此称之为"天体音乐"；柏拉图的晚期著作《蒂迈欧篇》将整个宇宙系统分成一个八度音阶，当星球按照宇宙的规则公转自转时，整个太阳系便会奏出动听的音乐，如同一部结构精密的音乐盒。

如今看来，这个说法似乎过于浪漫，不过根据太空探测器的反馈，许多行星的确会发出独特的电波频率，人们将这些收集起来并利用皮埃尔·舍弗尔的具象音乐处理手段，将其转化至人耳可听的频率，这便是自然星体音乐的起源。除此之外，人们也渴望在星空上谱写五线谱，1977年，"旅行者1号"探测器携带着一张镀金的唱片飞向太空，其中收录28首中西方音乐，人类渴望通过这种方式寻找银河系里的知音。唱片里不仅有管平湖演奏的古琴、山口吾郎演奏的尺八、秘鲁音乐家演奏的排箫，还收录了美国著名布鲁斯歌手Blind Willie Johnson的《Dark Was The Night（Cold Was The Ground）》，这首歌现在看来更像是对人类境遇的描述，黑暗是夜晚，寒冷是平地，我们只能在这颗荒凉而忧伤的蓝色星球上独自抚琴低吟。

In 1977, Voyager 1 flew to the universe bringing a gold record with 28 songs from East and West - Guqin played by Ping-hu Guan, shakuhachi played by Yamaguchi Goro, panpipe played by Peru musician and Dark Was The Night (Cold Was The Ground) sung by the famous American blues singer Blind Willie Johnson.

行星组曲：宇宙是一张总谱

1995年荷兰音乐节上，美国阿蒂替四重奏（Arditti Quartet）的成员各自进入一架直升机中，屏息凝神，静待调度指挥。不久后，直升机起飞，几位演奏家在听不见彼此声音的情况下，于风啸声、机器轰鸣声的轮番袭击里开始演奏，他们奏出的音乐传回到地面上，通过调音台混音之后再呈现给听众，这便是卡尔海因兹·斯托克豪森（Karlheinz Stockhausen）著名作品《直升飞机弦乐四重奏》首演时的情形。这个作品源自作曲家的梦境，在那个梦里，音乐家可以飞翔，遨游星际，跟宇航员的形象合二为一。

At the music festival in Netherlands in 1995, the members of Arditti Quartet from the United States entered a helicopter. As the helicopter took off, the musicians started to play amidst the howling winds and mechanical noise. They can not hear each other, but their music were mixed together and sent back to a listening audience on the ground. This is the debut of Karlheinz Stockhausen's Helicopter String Quartet. Comparing with the revolutionary exploration of Stockhausen, English composer Gustav Holst explained the universe in a tradition dimension. He finished the orchestral composition "The Planets" in 1916. The composition sounds like a huge painting. It consists of 7 movements named after 7 of the 9 planets in our solar system except Earth and Pluto(not yet discovered then), endowing each planet with relevant sound and conflict narration. The Planets set up a template for expressing the intergalactic war and the vastness and loneliness of the alien world in an accurate way. Later, the soundtracks of movies like the Star Wars series, or sci-fii films like Planet of the Apes, Alien,etc borrowed heavily from this reference.

事头上，斯托克豪森一生里的诸多作品都跟太空息息相关，堪称太空音乐的鼻祖之一。

1952年，他在皮艾尔·舍费尔（Pierre Schaeffer）接受具象音乐与磁带音乐的洗礼，将声音素材进行剪切、倒放、叠加等处理，之后他回到科隆开始了自己的探索，将正弦波/方形波发生器、白噪音发生仪等电子振荡器所产生的声响进行滤波、调变，并加以重新合成，其早期作品《练习曲1（stlldie 1)》和《练习曲2（stlldie 2)》被认为是"更富理智的德国电子音乐的里程碑"。60年代中期，斯托克豪森开始专注于音乐结构与过程的阐释，这期间的作品《自七天（Seven Days of the Week）》则可以看成是他当时的作曲理念与电子音乐创作方式的一次融合，比如其中的一章《夜月》即使用了Electronium自动作曲机、滤波器、分压器、短波接受仪等多种电子设备，这一章乐谱上的指示文字则写着："演奏一个颤音，在梦的节奏里，缓慢地改变，直至进入宇宙的节奏。"随后Moog合成器逐渐流行，斯托克豪森作为先驱被推上风口浪尖，许多相关从业者纷纷前来聆听他的讲座，他的理念直接启迪Krautrock一代的诸多音乐人；甚至连爵士乐手迈尔斯·戴维斯（Miles Davis）有段时期也深受他的影响。

1970年的大阪世博会上，斯托克豪森再一次实施他的太空野心，他在德国馆内的墙壁上安装了五十组巨型音响，每日如轰炸般反复播放他的作品，而他本人则端坐在高台上进行实时调控，如同太空舱中的驾驶员，每天演奏数小时，总共历时一百八十三天。日本音乐家河端一幼年曾在家中听到过他的这次演奏，当时误认为这是外星人发出的信号。

斯托克豪森的未竟之作《声音》亦与太空息息相关。这组作品以一天中的二十四小时为主题，其中前十二首为不同的乐器组合而编写，第十三首《宇宙的脉搏》则为纯电子音乐，第十四至二十一首则均以《宇宙的脉搏》之中的素材来编写，遗憾的是最后三首他还没有完成便过世，但这仍不掩盖他的成就与光芒。与他而言，或许宇宙即是一张总谱，它的每一次压缩与膨胀是万物呼吸的节奏，而所有跳跃的群星则是其中闪动着的音符，在夜空的幕布上奏响明与暗。

较之斯托克豪森革命性的尝试与探索，英国作曲家古斯塔·霍斯特（Gustav Holst）则是从更为传统的维度对太空

进行解读，他在1916年完成的管弦乐作品《行星组曲（The Planets)》更像是一幅画作，规模庞大，音响色彩极其丰富，全曲一共分为七个乐章，以九大行星里除地球和冥王星（当时尚未发现）外的七个星球命名，为每个行星赋予了相应的声响色彩与叙事冲突。尽管霍斯特在公演时坦言此曲的创作灵感主要源自诸多古文明中的占星术学说，跟天文学关系不大，《行星组曲》仍然为后世如何准确地表现星际之间的战争或者异星的辽阔与寂寥建立起了一个标准的范本，后世无论是《星球大战》系列，还是《人猿星球》、《异形》等科幻电影，其配乐几乎都以此作为参照。

黑洞剧场：我将盲

对于科幻电影所营造出来的星际幻景，嬉皮士们似乎更情有独钟。比如斯坦利·库布里克（Stanley Kubrick）的《2001太空漫游》其中大量的非常规镜头让嬉皮一代欲罢不能，他们认为镜头里所展现的混沌绚烂、扭曲失重的场景与他们服用迷幻药物后的感官体验极为接近，那是他们在意识里曾反复抵达过的黑洞尽头。

顺理成章，嬉皮文化也深深地介入到太空音乐领域。最近因癌症去世的音乐家Daevid Allen即是其中代表，他是Soft Machine创始者之一，同时也是Gong乐队的灵魂。Gong在建立之初即是迷幻摇滚和太空音乐的重要推手，作品里经常涉及外星人、宇宙等命题，他们在1970年发行的作品中的《Gong Song》和《Cos You Got Green Hair》虚拟了来自Gong星球的瘾君子精灵的一个神话。之后Gong乐队人员流动频繁，音乐风格也变得复杂而多元，爵士乐、前卫摇滚的元素逐渐增多，变为坎特伯雷乐派重要的一支。1960年代末，Grateful Dead乐队也有过一些太空音乐的简单尝试，比如1969年的专辑《Aoxomoxoa》等，只不过这种探索未能得以延续。

而同一时期的英国乐团Hawkwind以及他们的《Space Ritual》则是太空音乐的里程碑，Spacemen 3等后辈乐团无一不受其影响。Hawkwind的作品多以科幻文学为主题，演出效果惊人，他们的音乐听起来更像一艘漂浮的宇宙飞船，其大篇幅的演奏紧凑、硬朗且锋利，来去自如，直击星系本质。《Space Ritual》的录音源自他们在1972年至1973年的巡演，他们在现场的演绎比录音室版本更激进许多，几位成员在某一瞬间如同被注入宇宙绝极能量，反客为主，长时间地在太空施展迷幻法事，无论是吉他、贝斯、鼓击，还是萨克斯或者合成器，都被转化为毁灭性极强的超炸

Hippies have a special bond with the intergalactic fantasies created in sci-fi movies. The unconventional scenes in Stanley Kubrick's 2001:A Space Odyssey truly excited them. The scene of distortion and weightlessness was similar to the sensory experience after they took psychedelic drugs. On the other hand, the hippies' culture also brought them closer to space music. David Allen, the musician who died of cancer recently was one of them. He was one of the founders of Soft Machine and the soul figure of Gong. Gong became the important driving forces of psychedelic rock and space music since the very beginning. The themes of their music often revolves around aliens and the universe. "Gong Song" and "Cos You Got Green Hair" were released in 1970, telling the myths of a drug addicted elves coming from the planet Gong.

燃料，推动着巨型飞船一往无前，它是新一任的宇宙之王，将沿途的陨石与碎星全部吞噬。

德国 Krautrock 一代亦不可忽视。上个世纪六十年代末期，英美的前卫摇滚、迷幻摇滚对德国地下音乐人影响甚重，这些音乐人不甘于简单的模仿，而是把对合成器的开发和使用融入其中，将那些飘渺的电子音效融入迷幻长曲之中，或者干脆只以合成器和音序器进行创作，从而构建出空间感极强的音乐作品，Tangerine Dream、Ash Ra Temple、Cluster 等乐团都是其中的代表。

Ash Ra Tempel 乐队于 1971 年发行的首张同名专辑即有不少太空音乐的影子，整张唱片由两首乐长曲组成，第一首《Amboss》迷幻味道十足，在粗糙的电子音效铺垫之下，吉他演奏迅疾而猛烈，如彗星一般横冲直撞，非常过瘾；而第二轨《Traummaschine》则更为简约飘渺，凭借大量的合成器演奏来创建一个超高密度的黑洞，整曲肃穆而阴暗，宗教感十足，其中的打击乐如同异教徒不断逼近的步伐，沿途垂死的恒星一一被其吞噬。而在同一时期里，由 Edgar Froese 领衔的 Tangerine Dream 乐团则更具开创性，他们在 70 年代即开始将大量合成柔音与分解和弦叠加在一起，创造出一段段柔和而明媚的太空旅程，其 1973 年的作品《Atem》如同横空出世，在流动的氛围里堆积拼贴各类冷色调声效，让人仿佛置身于异星或者远古时代。在此后的数十年里，Tangerine Dream 也一直引领着电子乐的发展潮流，影响着无数后辈。

日本当代迷幻乐团 Acid Mothers Temple 可以说是 Krautrock 太空精神的间接继承者。这群由河端一领衔的当代嬉皮极其热衷于巡航宇宙谱写失落的咏叹调，Acid Mothers Temple 这座宇宙巨刹里藏着的蓝调怨曲与迷幻长诗不仅是符号与咒术，其中更隐藏着飞向异次元的终极密码。而另一位日籍艺术家，代号 Merzbow 的秋田昌美，受到达达主义和超现实主义的影响，将噪音作为宇宙沟通的唯一语言，他的声响如风暴般激烈、纯粹，并且裹挟着令人惊叹的、指向永恒的生命能量。

回顾太空音乐的发展历程，最难忘的戏剧性插曲当属来自土星的爵士音乐家 Sun Ra。他经常披着夸张的斗篷，身穿具有金属质感的衣服演出，与 Arkestra 乐队将爵士乐、非洲传统音乐、灵歌、以及来自宇宙的能量融合在一起，创作出独一无二的声音景观。他曾说过：

"音乐不是这颗星球的一部分，它的灵魂是关于快乐的。很多音乐家演奏的是地球上的事，而我发现他们中的大多数人悲伤并且沮丧，可以说是爬向自己的音乐。而人们应该有着去向别处看看的梦想，音乐家不应该被理论、自我或金钱束缚，否则便永远不能真正地进行创造。……土星人告诉我世界将陷入一片混沌中，而我应该做的就是演奏音乐，那时全世界都会开始聆听。"

也许正如他所言，这便是太空音乐的精神本质，关乎于真正的自由、快乐与梦想，它可能是一段低沉神秘的耳语，诉说着星球往事；也可能是一声撕破夜空的哀鸣，带来危机或者无限的期待。无论如何，当它发声时，全世界都开始聆听。

The generation of Krautrock from Germany can not be ignored. At the end of 1960s, the underground musicians in Germany were deeply affected by progressive rock and psychedelic rock from British and the USA. They were unwilling to simply imitate the music, so they started to use synthesizers. Tangerine Dream, Ash Ra Temple, and Cluster are some of the well known bands.

The influence of space music is also evident in Ash Ra Temple's debut album in 1971. The whole album consists of two long instrumental tracks. The first track, "Amboss" is strongly psychedelic and "Ttaummashine" is simpler. Using multiple synthesisers they created an effect of a high-density black hole, with a religious fervour. During the same period, Tangerine Dream led by Edgar Froese were more creative. Their album "Atem" came out in 1973 and in the following 10 years, Tangerine Dream was leading the trend in electronic music.

1960 年代——太空音乐架构尚未完全清晰，却也因此产生诸多有趣而具有颠覆性的尝试。1960s - the structure of space music was not clear yet. But many interesting experimentations were created.

01

01 → 《Fantastica: Music From Outer Space》Russell Garcia, 1959 1959 年，作曲家 Russell Garcia 发表专辑《Fantastica: Music From Outer Space》。作为典型 Space Age Pop 风格的作品，Russell Garcia 虽然没有过多使用电声乐器，但这张专辑却有许多突破之处，在当时听起来十分前卫。

02

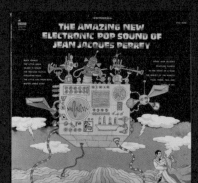

04 05

03

06

07

02 → 《I Hear a New World》Joe Meek，1991 Joe Meek 早在 1960 年左右便录制出一张猜测月球上的生命本质的概念专辑《I Hear a New World》，可惜在他生前并未发表，这张以 Clavioline 琴（键盘乐器，合成器的前身，比 Ondioline 的设计简洁）、夏威夷吉他、一架残破的钢琴、未来感极强的噪声和电子声效录成的作品足足比 Silver Apples 的同类声响早出近十年。

03 → 《Ventures in Space》The Ventures，1963 The Ventures 在 1963 年发表专辑《Ventures in Space》，这张史前迷幻作品向人们展示了冲浪摇滚与太空之间是如何发生化学作用的。

04 → 《The Amazing New Electronic Pop Sound》Jean-Jacques Perrey，1968 法国电子音乐制作人 Jean-Jacques Perrey 在 1965 年使用 Ondioline（键盘乐器，合成器的前身）、Moog 合成器和磁带创作出两张天马行空的电声唱片，如今看来它们似乎可以归于 Space Age Pop 风格里，而这种风格则完全可以看做是太空音乐的前身。

05 → 《Telstar》The Tornados，1963 1962 年，英国传奇制作人 Joe Meek 与 The Tornados 合作完成单曲《Telstar》，此曲是最早拿到美国排行榜冠军的英伦摇滚乐，被认为是史上第一首迷幻音乐作品。

06 → 《2000 Light Years from Home》The Rolling Stones，1967 1967 年前后，The Beatles 与 The Rolling Stones 乐队也均有相关作品问世 前者的《Flying》是一首轻盈的器乐曲，灵感来自 John Lennon 关于飞行的一个梦；后者的《2000 Light Years from Home》则受 Pink Floyd 的影响更重，颇具太空摇滚的雏形。1969 年，David Bowie 发行专辑《Space Oddity》，这张以宇航员和地面控制中心的对话为题材的作品收获不少好评。

07 → 《Silver Apples》Silver Apples，1968 成立于 1967 年的 Silver Apples 是绕不过去的传奇团体，他们是 DIY 精神的践行者，电声时代的手艺大师，用自制设备撰写冰冷、疏离、未来感极强的发声哲学，从而影响了 Kraftwerk、Suicide、Devo 等一批乐队。

1980年代 —— 太空音乐的主要格局逐渐形成,主要包含 Krautrock、太空摇滚(Space rock)、太空迪斯科(Space disco)、氛围音乐(Ambient)、新世纪音乐(New Age)等多种曲风。

1980s - space music gradually formed its structure, including Krautrock, Space rock, Space disco, Ambient, New Age and many other genre.

Michael Stearns
Planetary Unfolding

14 → 《The Songs Of Distant Earth》Mike Oldfield, 1994 受阿瑟·查理斯·克拉克同名小说的影响, Mike Oldfield 在 1994 年出版的专辑《The Songs Of Distant Earth》讲述的是一个关于未来的星际传说,他在整张专辑的结构上有着十分大胆的创新,所使用的采样元素也极其丰富,既有宇航员在阿波罗 8 号上朗诵的"创世纪"录音,也有雷达探测声,以及非洲部落的原始合唱等。

15 → 《Ladies And Gentlemen We Are Floating In Space》Spiritualized, 1997 Spacemen 3 蜕变为 Spectrum 和 Spiritualized 两只乐团,后者不仅将 Spacemen 3 的初衷延续下来,并且变得更为丰富细腻,与福音唱诗班、管弦乐团等都有过合作,他们在 1997 年出版的那张《Ladies And Gentlemen We Are Floating In Space》几乎可以说是太空摇滚在世纪末发出的宣言。

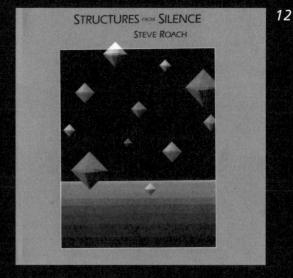

12

13

110-111

1990 年代——太空迷幻回潮,而且氛围音乐几乎成为这个时期太空音乐的代名词。1990s - the resurgence of space psychedelia. Ambient almost became the pronoun of the space music this time.

14

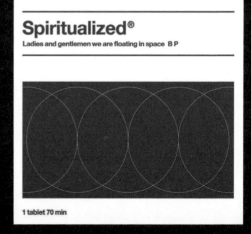

15

9-2
Li Jianhong & Vavabond: The Milky Way Neuromancer

李剑鸿 & 韦玮：银河神经唤术士

旺宇 | 采访、撰文　玛莎苗酱 | 摄影　徐晴 | 编辑

李剑鸿在"中国最好的噪音艺术家"这个名号之外，也是微博名就叫做"李剑鸿坐飞船"的忠实宇宙爱好者。2006 年，他和妻子韦玮组成了音乐组合"迷走神经"，专门注目宇宙、鬼怪和 UFO，虽然说他们资深信奉神秘学显得过于武断，但在他们自己和宇宙的对话里，音乐便是抵达彼端的最佳路径。

Li Jianhong, pioneer of Chinese experimental music, was once praised by sound artist Zbigniew Karkowski as "the greatest noise artist in China" at the Nuit Blanche in Paris. His wife Wei Wei (Vavabond) is also an experimental musician. They started a group called "Vagus Nerve" in 2006. The music they made mainly focused on mystics things, like universe, ghost, UFO, Crop Circles, etc.. They have a large collections of universe related items in their house, including cup mats and dish mats with planets on them. Both of them believes in the existence of aliens. Despite this, Wei Wei doesn't want to meet them, her reason being that the if the aliens come to us, they must want to destroy us. While Li finds it unthinkable to get in touch with these unknown creatures.

声音造宇宙

去年冬天，李剑鸿和妻子韦玮（Vavabond）走在满山满院被冰雪所覆盖的五台山中，微风抚起散落的雪花，一片白茫茫的静谧。对于这幅景象，李剑鸿没有感叹造物主神奇，也没有立刻举起相机拍摄，他的第一反应是：这时候要是有一艘外星来的飞船从天而降，真的就太完美了。

李剑鸿对太空感兴趣是从幼年开始的，小时候他喜欢自然课，夏夜的星空图、野外辨别方向、动植物的生长过程，都能激起他的好奇心，以至于后来他还特意从网上淘了一套自然课本收藏。他说，以前在老家的时候，银河是可以看得见的，夏夜抬头望去，一道璀璨的光带，遥远而神秘，既很向往，又很恐惧。后来，他成

了《奥秘》和《飞碟探索》等杂志的忠实读者，在微博上管自己叫"李剑鸿坐飞船"。而在遇见李剑鸿之前，韦玮几乎不做音乐，两个人在一起之后，韦玮开始尝试着用笔记本制造古灵精怪的声响碎片，到了后来，这些游移着的碎片重新组合拼贴，轮廓逐渐清晰：无尽的黑暗，出体的灵魂，咿咿呀呀的外星语，蜿蜒飘浮着的不明飞行物，尖锐刺耳的反馈和高频，无人应答的强弱信号……这些元素共同构成了她的太空景观，而李剑鸿则负责演奏大面积的迷幻噪音，激烈而轰鸣，能量充沛，如同一艘燃料充足的巨型飞船，缓慢地在星际间航行，磅礴而壮观。这便是二人的组合"迷走神经（Vagus Nerve）"所描绘的精神宇宙，他们是自创银河系里的唤术士，技能丰富，法术高深。

脑中的太空观光客

迷走神经《回到天狼星》Vagus-Nerve, "Go Back To The Sirius"

迷走神经《罗盘》VagusNerve, "Lo Pan"

"迷走神经"这个计划形成于 2006 年底，基于二人对于宇宙、鬼怪、UFO、麦田怪圈等神秘主义事物的共同喜好，他们决定以一个新的音乐组合进行探索和阐述。韦玮说，对这些神秘事物的狂热爱好，在 2012 年那个传说中的末日到来之前达到顶点。"虽然心里知道可能什么也不会发生，也就还是那个样子，但还是有一点期待，当时看了很多相关的文章，比如要是洪水或者其它什么自然灾害来了，在北京可以往哪里逃啊，北京哪个地方最高啊之类"。当问及是否为末日做过物资上的准备时，他们笑着说："其实什么也没准备，只是录了两张唱片。"

李剑鸿（右）和韦玮在家中，身后的架子上摆满了他们收藏的唱片和精怪的小玩意。In the house of Li Jianhong and Wei Wei, the shelf behind shows their collections of records and gadgets.

"迷走神经"夫妇二人都相信有外星人的存在。虽然对外星人很感兴趣，但韦玮却一点也不想见到它们，她的理由是，外星人如果找过来的话，肯定要跟你产生什么联系，恶意地毁坏你原来的生存状态，也许对它们而言，也没有善与恶的标准，但对我来说肯定不是什么好事儿。李剑鸿对此似乎更不在意，他认为外星人也有很多种，有以侵略为目的的，也可能会有建设性的，形态也是各异，有可能不是固定的形态，而是纯粹的意识体，人和人之间的接触可能也就那么回事儿，但跟未知生物接触，带来的冲击可能是无法想象的。李剑鸿夫妇对待外星生物不同的态度，也折射在"迷走神经"的音乐里面，他们就像两个去外太空游览的小孩子，一个胆子小些，爱惹麻烦，机灵伶俐；另一个胆子大些，勇于承担，负责缠斗与冲陷。

在他们家里，也有许多跟宇宙相关的收藏，包括墙上的银河挂画和自制的太阳系行星杯垫。浩瀚而宏大的《星际穿越》和介于硬科幻与太空歌剧之间的《普罗米修斯》是他们经常会提起的电影，前者让他们觉得死在太空里也是非常酷的一件事，后者则跟他们的《回到天狼星》有异曲同工之处，都是对人类起源的一种追溯。李剑鸿说，录音的时候他脑子里一直有一个场景，荒芜的行星，但是有光照射进来，我们在天狼星上去找文明的遗迹和创世的神灵。

李剑鸿和韦玮偶尔也会考虑宇宙终结等问题。他们是《地球编年史》丛书的深度读者，这部书的作者撒迦利亚·西琴也是考古学家，他将很多古文明遗迹结合在一起，对地球和人类的命运进行全景式再现，从而发现很多外星人和史前文明存在的证据。刚读这部巨著时，李剑鸿和韦玮的情绪很悲观，认为人类太渺小了，几千年的文明在宇宙里面根本不算什么。末日来临之前，韦玮完成了她的个人作品《YELLOW》，其中每一轨都是一个星云的名字，当时她将各种星团星云的照片打印出来，贴在墙上，一边看着这些绚烂迷离的星云图，一边创作完成这张电子即兴唱片。她在这张唱片的自述里说："这是距离我们成百上千甚至数亿个光年的一些远古行星、恒星和团状星云。它们的闪耀，也许只是源于某个造物脑中的一束电波，正如我们现在正在做的那样。"

gogo× 李剑鸿 & 韦玮

为什么会想做"迷走神经"这个计划？
李：这个音乐计划还是基于我们共同的偏好吧，在日常生活里，我们都对远古外星人、神秘天体、飞碟与怪圈这些比较感兴趣。接触多了之后，就产生描绘太空的场景之类的想法。最开始"迷走神经"是个完全即兴的组合，韦玮给出一些音，勾画出宇宙的场景，我随后加入，一起向前推进。"迷走神经"跟一般的太空摇滚差别还是很大的，我们更关注自我的感受，音乐也是自我宇宙的阐述。

"迷走神经"的音乐能量来自何处？天体学还是神秘主义？
李 & 韦：两者都有一些，以精神性的东西为主。我们会一边想象一边演奏，演出的时候，我们两个就好比是在驾驶着宇宙飞船在太空里旅行，然后遇见一些幽浮或者奇怪的现象，情节慢慢展开。演得好的时候就比较开阔，想象空间无限，也有两艘飞船速度不一样的时候，那时候我们就会停下来相互呼应一下。

"迷走神经"一共发行过三张唱片，2pi Records 出版的《Too High to Die》，以及 Utech Records 出版《罗盘》和《回到天狼星》，分别谈谈这几张录音作品吧。
李：第一张《Too High to Die》算是小样，当时概念还不是很清楚，还在摸索中，后面两张就比较清晰了。《罗盘》源自我做

二手市场淘来的黑胶唱机。Black rubber phonograph bought from secondary market

家里的工作室，最初设想为二人共用的房间，现在基本被李剑鸿的东西堆满了。Workshop. At first it is a room to share, but now it is full of Li's stuff.

过的一个梦，特别飞，可能是当时看了很多玛雅文化的书籍有关。我梦见自己在丛林中的一大片草地里，草地上放着一个巨大的罗盘，在梦里我觉得这个罗盘可能跟宇宙有关，于是我趴在上面东转西转，结果忽然从密林中飞出许多飞碟，大小颜色各异，密密麻麻地从我头顶上飞过，我心里想着够了够了差不多了，就从罗盘上下来，然后也就醒了。

之后我把这个梦讲给韦玮听，之后我们就录了这张《罗盘》，这里面她的声音比我要"宇宙"一点，我的吉他迷幻成分多些。当时美国的 Utech Records 正好想做一系列跟文字、数字相关的主题唱片，罗盘好像也跟这个有联系，于是交给他们发行。

韦：第三张《回到天狼星》，有一个说法是天狼星是人类起源的地方，地球是外星的殖民地；还有一个说法是天狼星的飞船掉落到地球上来了，西非马里共和国的原始部族斗宫人认为文明的源头是从天狼星来的外星人诺母，它住在水里，教会了人类关于太空和地球的各种知识。我们对这些说法都很痴迷。《回到天狼星》就是一种想象吧，回溯人类起源，地球上的很多遗址都跟天狼星相关，我们抱着这样的想法去还原；跟进化论相比，我们更相信自己是外星移民。

你们的宇宙观大概是什么样的？

韦：谈不上宇宙观，只是有些说法会比较喜欢吧。比如量子物理学家戴维·玻姆（David Joseph Bohm），他提出过一个宇宙幻觉论，为此还做了许多很复杂的实验；还有人就说，天文望远镜看见的宇宙，其实是个幻象一样的东西，如同全息影像一样，但人为什么很难逃出银河系去远的地方呢，是因为它自身设置了许多障碍，像监狱一样，是出不去的。这些观点我是比较感兴趣的，总感觉宇宙是被设计出来的。

李：至于观点的话，我比较相信人类是外星 DNA 与地球本来的生物结合改造而成的，很多事情不是进化论能解释的，比如现在的猩猩吧，认识到的东西够多了，但也不能变成一个人，很多远古就存在的生物，比如蟑螂什么的，到现在也只是体型有所改变而已，而并没有进化成另一种生物。还有斗宫族的神话，他们在很久之前就知道天狼星有伴星、白矮星之类，这些是科学很难解释的。

最近你们经常演出的新计划 Mind Fiber，似乎更专注于环境即兴，讲讲它跟迷走神经的不同之处吧。以及迷走神经还会延续吗？

李：Mind Fiber 跟"迷走神经"差别很大。它更关注于个人的生活现况，跟周边环境关系较大，私密性更强，它是以环境触发心境，随着抒发、融入、交流的产生，进行即兴创作和演奏，为环境注入某种私密的情感。比如在老家的时候，我会录下父母日常生活的声音，我自己在一边演奏，他们完全不知道我在录音，但我会跟他们一起进行，记录一个画面，或者进入一个生活片段。迷走神经这个计划也应该还会继续下去。

韦：Mind Fiber 更自由、放松一些，"迷走神经"的演出和录音对体力、精力都是个挑战，消耗很大，需要一直很努力地聆听、理解对方，精神特别集中，因为它是空的，需要你去大量填充的。而 Mind Fiber 则随时可以停下来，且仍旧是成立的，因为环境自己是有声音持续介入的，你是在跟它对话，你们二者是平等的。

可否讲讲你们所理解的太空音乐，再给大家推荐几张你心目中的太空音乐唱片吧。

韦：我在做"迷走神经"的时候，会经常想到 Conrad Schnitzler，他的一些电子乐虽然不是太空主题，但那些声音会比较有太空的质感；还有鹰风乐队，他们所塑造的太空感也很迷人。

李：太空摇滚一类的，我听着也只是摇滚而已。提起"太空音乐"这个名词，首先想到的是美国发射的"旅行者"号太空船里的那张唱片，里面收录了管平湖、莫扎特等人的作品，不断地在太空播放，它变成了飘渺的宇宙讯息，从一个星球传到另一个星球，声音在太空里神游。还有就是印度的笛子、西塔琴之类的，所奏出的声音听起来很太空，古琴也是。

这是他们收养的第一只小猫，因为太黏人了被朋友送来。她原来的名字叫 Amanda，现在经常被叫做"阿满"。
The first cat they adopted. A friend gave her away for being too clingy. She used to be called Amanda, but now her name is A Man.

Amanda 前面是她的女儿小志，现在 6 岁。因为小志出生时胎位不正，胸骨偏位，他们希望她身残志坚，就给她取名叫小志，现在已经长成了 13 斤的健康大猫。The cat in front of Amanda is her daughter Xiao Zhi, 6 years old. She was in malposition when she was born and suffered from Sternum offset. Li and Wei hoped she can be strong in spirit by calling her Xiao Zhi. And now she is a healthy big cat weight 13 kg.

gogo × Li Jianhong & Wei Wei

Why do you want to carry out Vagus Nerve project?

Li: This project is based on the common interest between us. We both are interested in ancient aliens, mystical objects, UFO and Crop Circles. We came up with an idea to describe the scene of space. However, there are big differences between Vagus Nerve other space rock. We focus on our own feelings and the music elaborates our own universe.

Where did the music power of Vagus Nerve come from, uranology or mysticism?

Li & Wei: Both. It mainly comes from spirituality. We dream when we are playing and we perform as if we are driving the spacecraft in the universe. Then we'll see some UFO and strange phenomena. The plot is unfolded there.

What is your cosmology like?

Wei: It can not be called cosmology. It is just some related views I believe. Quantum physicists David Joseph once proposed the theory of illusion and he did many experiments about it. There is a theory that the universe we see through the astronomical telescope is merely an illusion. The reason why it is hard for human beings to venture into the galaxy is because the universe sets many barriers, almost like a prison. I feel like the universe is designed to be like this.

Li: I rather believe that human beings are a result of combining alien DNAs with the original species on Earth. The theory of evolution can not explain everything. For example, the chimpanzees are aware of many things, but they can not become humans.

Can you describe the space music in your mind?

Wei: Conrad Schnitzler showed up a lot in my mind when I am doing Vagus Nerve. Some of his electronic music is not talking about space, but they have the sound of space. And Hawkwind as well, the sense of space in their music is fascinating.

Li: The word "space music" reminds me of the record in Voyager. The music of Ping-hu Guan and Mozart are recorded and played in the universe over and over again, from one planet to another. The flute, the Sitar from India and Guqin all carry the sound of space.

韦玮自己定做的太阳系行星杯垫。
Cup mats with planets of solar system on it, customized by Wei Wei.

客厅茶几上的"终结者"等身头像。
The 1:1 head of Terminator on the tea table.

1980年代著名恐怖片《养鬼食人 (Hellraiser)》的手办。Figure from the famous horror movie Hellraiser in 1980.

116-117

花35元淘来的阿波罗11号登月录音唱片,和"异形"模型放在一起。The record of Apollo 11 Moon mission cost 35 RMB together with "Alien"

李剑鸿、韦玮小臂上的纹身,分别是麦田怪圈和机器人"臂舱"舱门。The tattoos on the arms of Li Jianhong and Wei Wei are Crop circles and a robot arm.

9-3
Starlab: Wounderful Sound Puranas

Starlab: 印度妙声往世书

旺宇 | 采访、撰文　Starlab | 图片提供　徐晴 | 编辑

2012 年，传说中的世界末日还没到来，印度音乐家拉维·香卡在美国去世。他曾经把手里那个古老的印度乐器变成了上世纪中叶全世界嬉皮士们为之痴迷的标志，更被披头士乐队奉为灵感导师。虽然迷幻摇滚世代过去已久，但这沟通人、神、宇宙的琴声如今不仅未曾消逝，当代嬉皮们反而找到了更多……在印度西岸的果阿（Goa）沙滩上，伴随着 BPM 在 130 以上的快速舞曲和充满宗教意味的现场装置，人们在舞蹈里开始了另一程冥想之旅。

Starlab is a music project. It was the main event at Sunburn, the internationally famous music festival held on the beach of Goa, and has also gone on world tours. Its initiator is Bharat, a young man from New Delhi. Like most of other Psytrance lovers, Bharat was once a rock fan and loved Metal. He founded his own band as a bassist and a guitarist 10 years ago. He received Indian classical music training at a young age because of his mother. However, he finds himself deeply attracted by Psytrance on the silent Goa beach. From then on he began to learn synthesizing and music producing. StarLab project, inspired by the psychedelic culture was born at that time.
In 2013, StarLab joined Digital Om Productions, one of the first ranking music production company in India. They began to perform in the music festivals in United States, Portugal, Thailand, Nepal and so on. The music of StarLab is famous for its profound and mysterious atmosphere and its rhythmic bassline. They created complex multi-dimensional space in their layered and extensive sound waves. The space created in the music is strong and distinctive even amidst all the loud noises in a party. And that's why trance music allows modern Hippies to "meditate" and "phase out" at the tempo of 130 per min.

Starlab（Bharat）在印度新德里的"Blue Frog"演出。"Blue Frog"是新德里电子乐爱好者们的周末聚集地，这里的电音party相当出名。StarLab is performing in "Blue Frog" in New Delhi, India. "Blue Frog" is a weekend gathering place for local electronic music lovers. The parties here is rather famous.

佛经里有一种人首鸟身、声音清婉的神鸟，名为妙声鸟，也叫迦陵频伽，这种鸟的嘴上有七个音孔，会随着季节变化吹出不同的曲调，传说它便是印度音乐的祖先。而在涵盖宽泛的古印度史诗《罗摩衍那》与《摩诃婆罗多》里，世界则是梵天的一场大梦，由他创造出音乐并教给圣人纳拉达，后者则将音乐引入人间。许多印度传统神话形象都与音乐有关，可以音乐是创世过程中不可或缺的一部分，毗湿奴以印度班苏里笛来召唤他的崇拜者，湿婆的鼓是宇宙心跳的声音，梵天的爱侣、知识女神萨拉斯瓦蒂则手持弹维纳琴在莲花中央绽放。

印度教哲学极其注重宇宙与人的关系，奥义书里即提出梵我同一的主张，认为宇宙的本质与人的本质具有同一的关系，印度古典音乐也延续这种理念。最早出现音乐和相关乐器的文献是《吠陀经》，认为音乐起源自宇宙里的第一个声音，即"OM"，它是宇宙里最纯净的声音，也是宗教的祷告语，万事万物的节奏本质，长期反复吟诵可以清除身体里的杂质，重新获得内心的宁静。

南亚迷幻世代

有人戏称印度为宇宙中心，不仅因为它充满神秘感的古老历史，也因为它无数次遭受过外来文明侵蚀和洗礼的历史。这点在印度音乐上体现得十分明显，它像黑洞一般吸收着外来文明，希腊、波斯、蒙古和伊斯兰文明对印度音乐的形成都有着重要影响，但是同时它也维持着自身的独特体系，比如旋律框架"拉格（Raga）"以及复杂的节拍体系"搭拉（Tala）"。

印度古典音乐大体上可以分为南北两大派系，南印度音乐称为卡那提克（Carnatic），节拍变化丰富，主题均与宗教相关；北印度音乐称为印度斯坦尼音乐（Hindustani），音乐里有较多装饰性，在表现手法上受波斯文化、伊斯兰文化的影响。北印度音乐的两个重要乐器西塔琴（Sitar）和塔布拉鼓（Tabla）则大大地提高了印度音乐的辨识度，这其中西塔琴大师拉维·香卡（Ravi Shankar）功不可没。

年,他在洛杉矶开办一所印度音乐学校专门教授传统音乐,许多嬉皮士痴迷于西塔琴所发出的浩瀚而空灵的声音,于他们而言,这种声音如同恒河砂砾中的珍珠,东方圣者脸颊上滚落的泪水,在光之城的穷街陋巷里,在次第开放的莲花之间,它野蛮地生长,蓬勃而神秘,这是俗世里最曼妙的声音,也是唯一能阐释印度这个复杂社会的工具:悲与喜,生与死,欲望与背叛,喜悦与恐惧,诸神与宇宙,皆在琴声之中。

将印度音乐与 LSD 等致幻剂被嬉皮士们共同吞下,之后直接奔入斑斓绚烂的宇宙,他们沉醉其中,流连忘返。拉维·香卡的弟子无数,其中最著名的当属披头士乐队的吉他手乔治·哈里森。1960 年,披头士乐队邀请拉维·香卡共同演出,将西塔琴声传遍欧美,此外,在他们的经典作品《Within You Without You》和《Norweigan Wood》中也都曾使用过这种乐器。1968 年,披头士成员集体前往印度的瑞诗凯诗(Rishikesh)修习超觉静坐,虽然这次修行以失望告终,但之后却引发无数西方嬉皮士跟随他们的脚步前往印度朝圣。

嬉皮士们不仅去静修圣地瑞诗凯诗朝圣,对印度西岸的果阿海滩也是情有独钟。这里曾是葡萄牙的殖民地,1961 年印度才将其收回。果阿如同一个世外桃源,悬崖边上有枯树和巨石,雨林中有候鸟和狐狸,面向阿拉伯海的无数海滩更是风情万种。成千上万的欧美嬉皮士们喊着"来果阿吧!改变你的思想!改变你的人生之路!"的口号蜂拥而至,于是这里成为聚集全球多样生活方式的典型热带标本。上世纪 80 年代末,电音在全世界风靡,而在果阿的户外派对上,一批受迷幻摇滚、印度传统音乐、底特律 Techno、EBM 等风格影响的电子音乐人创造出一种音层复杂、色彩瑰丽、且具宗教氛围的迷幻电音,这种音乐被命名为 Goa Trance,它

的规律性强,能量分布均匀,以细微的变化向前逐渐推进,在反复的节拍里构建强烈的感官体验。拉维·香卡曾说印度音乐的特色是轻微起伏的曲线,典雅精致的螺旋式细节,这些在 Goa Trance 里也有所体现,后来的 Psytrance 就是从这种音乐风格里衍生出来的。世纪末诞生的 Goa Trance 与历史悠久的印度传统音乐遥相呼应,从隐冥到恍惚,从西塔琴的清音到迷幻电音,这个民族始终不懈地以自己的方式接通整个宇宙,与星际对话。

"音乐里有一个宇宙,而我是其中的探险家"

作为一项音乐计划,Starlab 曾经在果阿海滩那个全球闻名的 Sunburn 音乐节作压轴演出,也在世界各地进行巡演。其实和大多数 Psytrance 爱好者一样,它的发起者、印度新德里的小伙子 Bharat 曾经也是一个摇滚乐迷,喜欢金属乐。十几年前他就以贝斯手、吉他手的身份组建过乐队。因为母亲的原因,他从小就接受过印度古典音乐的训练。然而他还是最终在果阿的宁静海滩上发现 Psytrance 音乐并被它深深吸引,之后便开始自学合成器和音乐制作,受迷幻文化影响深重的 StarLab 计划也随之诞生。

2013 年,Starlab 加入印度首屈一指的厂牌 Digital Om Productions,并开始在各大音乐节和聚会上进行演出,足迹遍布美国、葡萄牙、泰国和尼泊尔等地。在 Digital Om Productions, IONO Music 和 Y.S.E Records

等厂牌一系列的出品也证明他的技巧不断地提升,第一 EP《Lightspeed》刚发行就跻身 BeatportTop 100 榜单,在全部出品的唱片中排在第 36 位。Starlab 的音乐以深邃而神秘的氛围、充满律动感的 bassline 著称,在二维延展的声波里,建造出立体的多维空间,让人们即便置身嘈杂的派对中也能感受到这个空间的能量,这就是为什么当代的嬉皮们能在每分钟 130 多拍的快速 Trance 里也能慢慢冥想和思考。

gogo×Starlab(Bharat)

Starlab 这个代号源自何处?

爱上 Psytrance 之前,我是个摇滚乐迷,喜欢听金属乐,在 2002 年左右曾有过一个乐队,可以说我大概是那时候开始创作的。而爱上电子乐,尤其是 Psytrance,则是在 2010 年去果阿参加了一些沙滩派对之后。2011 年左右,我开始试着用各种软件和程序来创作音乐。至于以 Starlab 为名,是来自我对宇宙和星星的迷恋。对我来说,音乐里面有一个宇宙,而我是其中的探险家,所以取名 Starlab。

你的音乐创作里是否受到过印度传统音乐的影响?

我妈妈是专业的印度古典歌手,从我会说话起,她便开始教我印度古典音乐知识。我在音乐里尽可能尝试加入印度声乐和打击乐的采样元素。印度传统音乐家扎克尔·侯赛因(Zakir Hussain)和拉维·香卡等人有着十分超前的思考与尝试,他们将不同的风格融合到印度传统音乐,这对我很有启发。

Goa Trance 和 Psytrance 看起来差不多,你觉得他们有什么区别?

我认为 Psytrance 是关于思想、身体和灵魂的音乐,不断变化的景观和神秘的旋律让他们听起来仿佛自另一个世界。今天看来,Psytrance 更像是 Goa Trance 的衍生物,有时候它们也是同义词,Goa Trance 是迷幻摇滚与电子乐的结合,由上个世纪六七十年代果阿海滩上的欧美嬉皮士创造出来,同时它受印度传统音乐元素和结构影响也很大,这就解释了我为何这么容易地就被它所吸引住。Psytrance 也不乏有

印度、东方元素的影响,但它还是有自己独特的魅力。

如今的印度音乐圈是怎样的局面?

全世界的音乐都被流行文化所接管,印度也不例外。一般说来,大多数听众喜欢宝莱坞音乐,现代的宝莱坞音乐里也会出现不少电子、说唱等元素,这是我们经常在电视、电台广播、电影和夜店里听到的。电子音乐爱好者还是少数,但也很重要,自从 Psytrance 和 Drum & Bass 流行起来之后,Techno 和 House 也开始拥有一定的受众群,The Midival Punditz、Karsh Kale、Arjun Vagale 这些人是将印度音乐推广到全世界的重要催化剂。

你有过什么比较难忘的演出经历吗?

有一次我被邀请去参加葡萄牙波尔图的一个户外新年晚会。演出当天的早上就开始电闪雷鸣。当晚演出并没有取消,一千多名满身泥巴的观众在暴雨里享受着音乐。当天我从车里拿出设备回到调音台的时候,比原定计划整整晚了两个小时,而我飞回印度的航班是在四个小时之后,时间非常紧张,但我还是设法完成演出,之后飞奔赶去,时间刚好,但差点因为浑身是泥巴而不让我上飞机。

现在的果阿跟以前有区别吗?

今天的果阿很发达,人口也更加稠密,每年吸引许多来自世界各地的游客,它不仅受当代嬉皮士们的欢迎,普通游客也非常多。在某些角落还能找到他们所说的"昔日果阿"的气氛,还有很好的派对可以去玩。Sunburn 音乐节的概念很像比利时的 Tomorrowland 音乐节,每年有成千上万的人来参与,它设置许多不同曲风的舞台,包括 Techno、House 等舞台都各有特色,当然也有专门的 Psytrance 舞台。

请给中国读者介绍一些有代表性的印度音乐厂牌吧。

印度有不少独立厂牌,但只有一部分比较活跃的,在积极推广音乐现场、出版唱片。其中之一是我们的厂牌 Digital Om Productions,我们帮助世界各地的优秀电子音乐人录音、出版,并联系演出,我们也是尼泊尔 Universal Religion 音乐节背后的重要推手。其余的比如 Vantara Vichitra Records 等厂牌也都很活跃。

2015 年新年首日的下午,Starlab(Bharat)在泰国龟岛的"Experience"音乐节演出,现场的线艺装置正是 Psytrance 音乐现场制造幻境的必备道具。On the afternoon of new year's day in 2015, StarLab (Bharat) performed at the music festival, Experience on Turtle Island, Thailand. The devices on the scene are the essential to the wonderland of Psytrance live.

2014 年 7 月,Starlab(Bharat)在新德里的"Chapter 25"酒吧。StarLab (Bharat) in Chapter 25 in New Delhi, July, 2014.

10 Mihoko Ogaki: Star Tales

大垣美穗子：身体略大于苍穹宇宙

Platinum | 采访、撰文、摄影　大垣美穗子 | 部分图片提供　夏雨池 | 编辑

艺术家大垣美穗子说自己从来不看展览，喜欢一个人思考。她思考的主题很多都与生、死、宇宙相关。对星空念念不忘，就把看到的宇宙置入人体雕塑内，让它们散发出宇宙的光芒；也喜欢反过来，把寻常现世抛到外太空去展现出来。或许如她所说，广袤宇宙中，总有我们还不知道的空间，也许它们并不完全相隔。

122-123

Japanese artist Mihoko Ogaki was born on January 20th. She is an Aquarius with A-type blood. She likes the artist Kiki Smith, and novelist Aya Kōda. Her living essentials besides art tools include an iPad for research, a 220v vacuum cleaner, and despite having recovered from major illness, the Marlborough soft mentholds. She says she never visits exhibitions and likes to think alone about themes surrounding life, death and the universe, which are naturally reflected in her works. Ogaki spent 4 years in the oil painting department of Aichi Preflectural University of Fine Arts and Music, and under the suggestion by fellow student Yoshitomo Nara, went to Germany to study sculpture and installation art at the Kunstakademie Düsseldorf. After 14 years of living in Germany with her husband Sato, they decided to move back to Japan where they now live and work in the outskirts of Ibaraki preflecture. They live in a small building with a garden- Ogaki's ideal living quarters. With the exception of the harshest winters and hottest summers, Ogaki spends almost every day in her courtyard creating art.

2015年东京的冬天未有雪，阴雨天却不曾间断。从都内出发，乘一个钟头的常磐线，换单节车厢的老式电车，便来到旅居德国十四年的归国女艺术家大垣美穗子与丈夫佐藤两人选择的茨城乡间。这里是两人新生活的起点。

大垣的家有一个宽舒的庭院。庭院中间的梅花树在二月末三月初的时节会迎来花期，令人误会是心急的樱花已然绽放。除去一年最为寒冷的冬季和盛夏的正午，这个庭院就是大垣的艺术工作室，其间零零星星堆放着一些制作作品的工具。这样的庭院是大垣最为向往的。归国前，丈夫佐藤雅晴曾经询问大垣对家的要求。她说最好是独株的小楼，还要带着庭院。两人如愿以偿在东京不远的茨城实现了对家的憧憬。

从中学开始学习艺术的大垣美穗子似乎很顺理成章地考入了爱知县立艺术大学的油画系，度过了她四年的大学生活。大学期间，日本的艺术界正在经历来自欧美装置艺术热潮的影响。因而，大垣美穗子也在大学三年级时就开始从事装置艺术的创作，后来进入德国的杜塞尔多夫艺术学院雕塑系深入学习装置艺术表达似乎也十分自然。不过提及爱知县立艺术大学与德国的杜塞尔多夫艺术学院自然会令人联想起另一位享誉世界的日本艺术家——奈良美智。大垣美穗子的德国留学之旅也正是得益于奈良美智的建议。

大部分的艺术家给人的感觉是神经质的。一月二十日出生的大垣，A型水瓶座。没有外星人式的异样气场，却有着另类的天马行空。"虽然我是做艺术的，可是我从来不去看艺术展览。"大垣如是说。比起观看他人的作品，独自一个人进行想象，并将这个冥思的世界呈现出来是大垣所喜爱的创作方式。

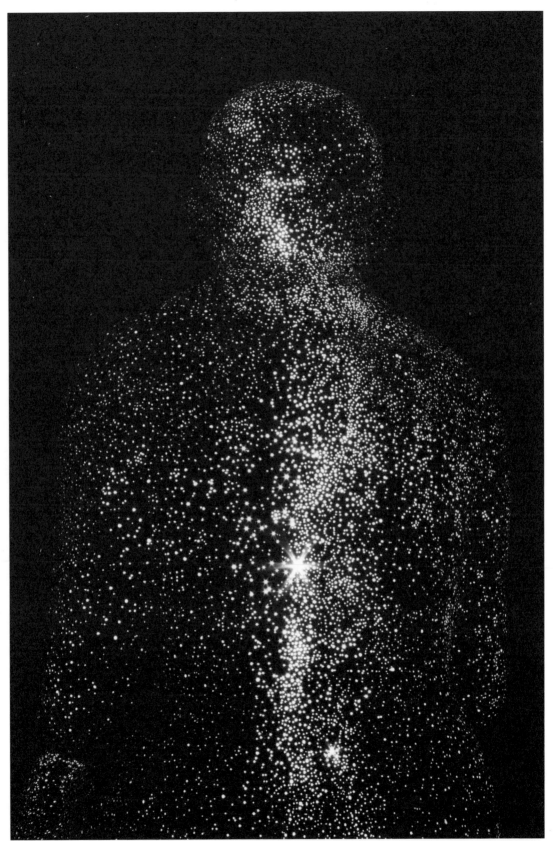

Milky Way, 75 x 90 x 85cm, 2008, 纤维增强塑料, LED, 木材, 私人收藏, 杜塞尔多夫, 德国 Mily Way, 75 x 90 x 85cm, 2008, FRP, LED, wood, private collection, Duesseldorf, Germany

INFO

大垣美穂子

1月20日，水瓶座，A型
喜欢的艺术家：Kiki Smith
喜欢的小说家：幸田文
生活必需品：
1   制作作品的工具
2   检索资料的iPad
3   吸力220w的吸尘器
4   万宝路（软薄荷）香烟

1973 生于富山县
1995 毕业于爱知县立艺术大学后赴德
1996 进入德国国立杜塞尔多夫艺术学院学习
2003 取得德国国立杜塞尔多夫艺术学院研究生学位
2004 德国国立杜塞尔多夫艺术学院毕业

主要个展：
2013 Project N 54,
      东京歌剧城美术馆, 东京, 日本
2012 Star Tales, 沃斯画廊, 杜塞尔多夫, 德国
      Milky Way-breathing,
      大阪艺术博览会, 大阪, 日本
      Milky Way-drawings,
      MORI YU 画廊（东京店）,
      东京, 日本
2008 Milky Ways, 沃斯画廊, 杜塞尔多夫, 德国
2007 Quality Street, 法兰克福艺术博览会, 法兰克福, 德国
2006 before the beginning -
      after the end, 沃斯画廊,
      杜塞尔多夫, 德国

124-125

在日本流传着人死后会化作天上星星的说法。本身对人体表现抱有极大兴趣的大垣美穂子受此启发，加之制作天象仪的经历，创作出了Milky Ways系列作品。

There is a saying in Japan that dead people may become stars in the sky. Mihoko Ogaki has interests in human body and learning from the experience of building a planetarium, she created Milky Ways series.

gogo × 大垣美穗子

你平日是在哪里创作呢?
就在屋外的院子里,因为我创作作品需要研磨,粉尘很大。以前住在德国的时候,工作室和我家有一段距离,多少有些不方便。现在好了,工作室就在家里。

冬天站在院子里会很冷吧?
是的,所以我冬天常常偷懒的(笑)。春天、初夏和秋天是做作品最惬意的时节。

我曾以为你会是那种白天睡觉,晚上彻夜做作品,过着不规律生活的艺术家。
不是的,我是那种早起型的人。早上4点,丈夫和猫还在睡觉的时候,我就起床开始画些东西。那个时间整个世界都在沉睡,我感觉那才是我一个人独处的重要时光。所以,我一般晚上6点就准备睡觉了。

你这样算来,你生命的一半时间都在睡觉!
(笑)是呀。没在睡的那一半,我会很精神的!

蛛网膜下腔出血之后,这对你的生活、创作有什么改变吗?
大垣:嗯…好像一点都没有(笑)。

是吗(笑)?
我作品好像一点变化都没有。不过仔细想想,比起作品来说,做作品的我好像有些变化。我丈夫说我像菩萨了。生病之前有任何事情我都会上火,也会大声和别人争吵,生病之后,我感觉自己不容易生气了,也终于变得安静点了(笑)。

为什么选择成为一名艺术家呢?
我从中学就开始学画画,很自然地就报考了艺术类大学。家里只让我上公立大学,所以就进了爱知县立艺术大学的油画系。

后来为什么又到德国留学,还一去就是十四年呢?
要从爱知县立艺术大学毕业的时候,我面临着继续在国内读研还是留学的选择。那时,同样是爱知县立艺术大学毕业的奈良美智,去了德国的杜塞尔多夫艺术学院。他回日本期间,我和他在工作室见了一面,从他那里听说德国是不收学费的。"诶?!真的吗?!"我当时很惊讶。所以,我就说我干脆去德国留学好了!之后,又从奈良美智那里得到了很多留学德国的经验和建议,所以从爱知县立艺术大学毕业后,我就直接去了德国留学。我是第一次一个人在海外生活,因为什么都不知道,自己跑到杜塞尔多夫艺术学院,随便敲开了一间教室的门,和对方说要报考这间学校。后来,我了解到入学考试的一些信息,经历了一次落榜,换了语言学校的签证,又参加了第二次考试,终于进了这间艺术学院。

gogo × Mihoko Ogaki

Why did you decide to go study in Germany, and how did it go on for 14 years?
When I was about to graduate from Aichi Prefectural University, I was faced with the decision of further studies domestically or abroad. At that time, Yoshitomo Nara who also graduated from Aichi Prefectural University and went to study in Kunstakademie Düsseldorf, came back to Japan, and I had a chance to meet him at his studio. When I found out that Germany doesn't take tuition fee, "What? is this real?"- I was utterly shocked! In that case, I told him I should just go study in Germany! After that Yoshitomo Nara shared a lot of experience and suggestions for studying in Germany, so I went there after graduated from Aichi Prefectural University.

Milky Way -Breath 03, 53 x 25 x 12cm, 2014, 纤维增强塑料, 带调光器的 LED, 木材 Milky Way -Breath 03, 53 x 25 x 12cm, 2014, FRP, LED with light modulator, wood

Milky Way -Der Kuß, 310 x 74 x 60cm, 2011, 纤维增强塑料, 带调光器的 LED, 木材, 钢杆
Milky Way -Der Kuß, 310 x 74 x 60cm, 2011, FRP, LED with light modulator, wood, steel role

杜塞尔多夫艺术学院怎么样?和爱知县立艺术大学有什么不同吗?

学校的氛围完全不同。感觉老师不仅仅在指导我们如何做作品,还指导我们如何以一名艺术家的身份生存下去。

具体来说是?

怎么交税之类的。

(笑)还真是很实在的生存问题呢。怎么又回国了呢?

当年我和丈夫在德国拿的是艺术家签证,因为交的税过少,到了第十四年的时候,和德国的入境管理局大吵了一架。我们想:"既然签证的延长手续那么困难,还是回日本好了!"我当时想如果要是回到日本生活的话最理想的家是那种独门独户、自带庭院的小楼。我老公就开始在日本找房子,他当时和我说是在东京住,而且房租非常便宜,一个月只要七万日元(注:约等于3500元人民币)。结果回到日本一看,这根本不是东京,就是乡下啊!

(笑)你之前说交了一个德国男朋友,那和现在的老公是怎么在一起的呢?

是啊,因为交了一个德国男友,所以我德语进步很快(笑)。我和丈夫佐藤认识的时候,我有一个德国男朋友,他在日本也有一个女朋友。但是,我就突然对他有了感觉,于是我们各自和自己的男朋友、女朋友分了手,然后闪婚了。结婚之后,很长时间,大概有三四年吧,我一直有点后悔,心想:我怎么会和这个人结婚呢?!不过到现在,我渐渐明白了,原来当初的选择是对的。所以,结婚这种事还是感觉来了就结吧,以后会慢慢明白冲动的原因的!

What was the most memorable experience from all those years abroad?

The production of my graduation piece "Hearse Project". I based this piece on traditional Japanese hearse. Initially I wanted to do a German hearse, but later I found out that Japan had this type of "imperial hearse". I displayed videos from "the other side" in the hearse, and when people get into my hearse, it is like they have passed away and went to another world. There were plenty of Japanese students in Germany at that time, a bunch of them helped me thread the beads (laughs), a group of Germans helped me install the roof portion. I dunno why but there are many lebanese people in Germany, they were responsible for the body of the car. When I completed this maiden project, I was absolutely drained, and for the longest time I felt that as an artist, I can die without regret.

Milky Way -Breath 02, 190.5 x 107 x 108cm (含底座), 2010, 纤维增强塑料, 带调光器的LED, 木材, 私人收藏, 香港, 中国
Milky Way -Breath 02, 190.5 x 107 x 108cm(with base), 2010, FRP, LED with light modulator, wood, private collection, HongKong, China

大垣美穗子与丈夫佐藤雅晴位于茨城乡间的家。他们回国后就定居于此,平日大垣在院子里进行创作。除了离东京市区较远,这套月租便宜,自带庭院的独栋小屋基本满足了大垣对家的所有期待。Mihoko Ogaki lives in the countryside of Ibaraki-ken with her husband. Ogaki loves to work in the yard. The house is a little bit far away from Tokyo, but the rent is cheap. This single house with a yard meets all her expectation for home.

灵柩车,680×260×200 cm, 2003-2005, 多媒体装置,Bernd Erbe Collection, 科隆,德国 大垣美穗子留德期间的毕业作品,灵感来自日本的"宫型灵柩车"。观众躺进"灵柩车",观看着车里循环放映的彼岸世界的影片,体验往生者被载向另一个世界的感觉。Catafalque, 680×260×200 cm, 2003-2005, multimedia installation, Bernd Erbe Collection, Cologne, Germany. It is Mihoko Ogaki's final project when she was studying in Germany, inspired by the traditional catafalque in Japan. Audience can lie inside, watch the film of the other world and experience the feeling of driving towards the other world.

Lets talk about your other work "Milky Ways" and its creation process.

When I was making "Hearse", I started paying attention to the issue of "life" and "death". For a long time after that, I didn't have energy to consider new works. After some time, I started gaining an interest in the distorted bones and wrinkly skin of a deceased body, because a body like this reflects the marks of time. At the same time, I gained experience in building planetariums. I suddenly realised that I can use this into my work, and so began the Milky Ways series. If you ask me what is the relationship between "death" and "universe", my views reflect a very unique Japanese perspective. The Japanese believes that after a person dies, they will become a star. When we look up at the stars at night, don't we often let our minds run free? I always fantasise about the myth of the deceased becoming a star. I believe that old people have 70 years of happiness and sadness stored in their body, and when I put holes in the human figure, I consider these things. Perhaps each hole can represent a memory in this elder's life.

Nowadays young people rarely have memories where the night sky touches them?
Yes, this is true. I have seen some beautiful night skies. When I was still living in Germany, we rented a car to go to Spain. When we paused for a rest in the mountains, we found the most gorgeous night sky, so we just sat in our seats and looked to the stars for about an hour. That was a very memorable experience.

大垣美穗子家中的工作台。Work table in Mihoko Ogaki's home.

热爱星空的大垣至今仍记得一次去西班牙旅行时,不经意盯着夜空看了一个多小时。系列作品 Star Tales 是大垣对宇宙热情的别样释放。她认为在我们已知的宇宙之外还有另外的宇宙同时存在着。Ogaki still remembers her trip in Spain. During the trip, she stared at the night sky for more than an hour without noticing. Star Tales series is an expression of her enthusiasm towards universe. She believes there are other universes beyond this universe we've known.

Star Tales-white floating, 展览现场, 2012 Star Tales-white floating, exhibition, 2012

Star Tales-white floating, 300×140cm, 2012, 水彩, 雁皮纸, 胶 Star Tales-white floating, 300×140cm, 2012, watercolor, ganpishi, glue

Star Tales-bones constellation I, 可变尺寸, 2012, 粉笔, 雁皮纸, 胶, 金属丝, 亚克力绳
Star Tales-bones constellation I, variable size, 2012, chalks, ganpishi, glue, metal wire, acrylic rope

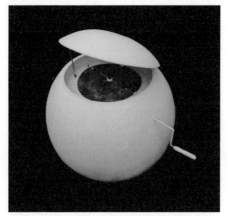

大垣美穗子曾制作过天象仪,后来激发了她创作 Milky Ways 的灵感。Star Tales-Greek Myths, 85×85×85cm, 2010, 综合材料。Mihoko Ogaki once built a planetarium. Later it became the inspiration of her Milky Ways. Star Tales-Greek Myths, 85×85×85cm, 2010, comprehensive mediums.

在海外的十几年印象最深的事情是?
制作毕业作品《灵柩车》吧。这件作品是我参照以前日本特有的灵柩车制作的。最初想做德国的灵柩车,后来我发现日本竟然有这种造型的"宫型灵柩车"呢!我在车里面循环放映彼岸世界的影片,人们躺进我的"灵柩车"里,就像过世的人一样,被载向另一个世界。当时,在德的日本留学生其实很多,一群日本人帮我穿珠子(笑),一群德国人帮我做了屋顶部分。不知为什么德国有很多黎巴嫩人,他们负责车体部分。这件可以称为出道作品的《灵柩车》完成后,我就有种被抽空的感觉,当时很长时间我都认为我作为一名艺术家,已经死而无憾了。

这件作品可谓是在国际合作下产生的大作了(笑)。德国人能明白日本"宫型灵柩车"的特殊语境吗?
不能,他们都很好奇这是什么。

Your love for night sky and universe related themes can also be reflected in your 2010 series Star Tales. Some reviews says that Star Tales interpreted different facades of modern Japanese life through Greek mythology and horoscopes, do you agree?
When I started on Star Tales, the first thing that came to my mind was that both Gemini and Leo are from Greek mythology. Furthermore, these horoscopes were seen from Earth's perspective. The universe is very vast, and there must be countless different horoscopes hidden within. Therefore, I was trying to create something based in on the universe, but somewhere no one has seen before.

谈谈你另外一个作品 Milky Ways 的创作经历吧。
我在做《灵柩车》的时候,就开始关注"生"和"死"的问题。那之后很长时间,我都再没精力考虑新作品。又过了一阵子,对将死之人的人体的那种扭曲的骨骼和充满褶皱的皮肤感到有兴趣。因为,这样的身体体现了一种岁月痕迹。同时,偶然有了制作天象仪的经历。我突然意识到,这个东西可以用到作品里。然后就有了 Milky Ways 系列。如果问对于我来说为什么"死"和"宇宙"会有关联,我想这可能体现了日本人独特的观念。日本人认为人死了以后会成为一颗星星。我们晚上看着夜空,不是会经常放空自己的吗?我一直很憧憬夜空和人死后成为星星的传说。我认为接近死期的老人的身体里蕴涵着七十年份的悲伤与喜悦,我在人体上钻孔的时候,一直在考虑着这些事情。每钻一个孔可能就代表着这个老者的一段生命记忆吧。

当时观众的反应怎么样呢?
在德国展览的时候,大家都说"太漂亮了!"我也不知道他们想没想到宇宙的事情。不过,我也是在作品通上电后,才发现光透过作品,令整个空间变得与众不同了。

现在的年轻人在自己的记忆中已经很少有人能找到夜空带来的感动了吧。
嗯,的确是这样的。我曾经看到过非常美的夜空。那还是我住在德国的时候。当时我们租了一辆车去西班牙,在把车停在山上想要稍微休息一下的时候,突然发现当时的夜空真的非常美,就那样倚着车望着星空,大概有一个小时左右吧。我对那时的记忆是很深刻的。

对于夜空或是宇宙题材的钟爱,我想可能还体现在你 2010 年的系列作品 Star Tales 中。有评论说 Star Tales 是将现代社会和日常生活的诸多样貌,以希腊神话为主题的星座意象来表达的,是这样的吗?
我在做 Star Tales 的时候,最先想到的是我们现在熟知的双子座、狮子座都是来自希腊神话。而且,这些星座都是站在地球的

大垣美穗子的生活必需品,第一位是创作工具。其次是 iPad,平时需要放在手边查资料。还有一台 220 吸力的吸尘器,大垣说它和日本产的 190 吸力的完全不一样,非常好用。The first one of Mihoko Ogaki's life necessities is her tool and iPad is the second. She uses iPad to search information. The third is a vacuum cleaner of 220 suction. Ogaki said it is totally different from the 190 suction made in Japan and it works very well.

近年大垣美穗子较少表现完整的人体,开始创作一些表现身体局部的作品,比如手。在她眼里,手的肌理、姿态能见微知著地讲述一个人的故事。In recent years, Mihoko Ogaki seldom presented complete bodies. She began to present certain parts of human body, like hands. From her perspectives, the skin texture and the posture of hands can tell the stories of people.

视角看到的。宇宙是十分广阔的,在不为人知的深处,也许存在着我们不知道的各种星座。所以,我可能是想做一个以既有的宇宙为基础的另一片不为人知的星空吧。

那之后一直就在围绕宇宙和星空这些意象制作作品吗?

是这样的,那之后我一直做一些小作品,不做人体了,基本就是做手的作品。手虽然只是人体的一部分,但我认为是最能讲述这个人的故事的部分。一个人的历史或是心理状态,常常都是通过手的纹理或是动作展现出来的,不是吗?

那做作品是每天都坚持的吗?

我每天都做,因为是做立体作品,基本上是做两个小时、休息一个小时,再做两个小时、休息一个小时。每天不管如何都一定会制作两个小时。绝对不会出现一个星期不做作品的情况。这样的作品制作已经成为一种身体的习惯了。因为也算是一种体力活,我觉得可能做雕塑、立体作品的艺术家的生活是最健康的。如果是搞绘画、平面作品的艺术家,可能两天不眠不休的专注创作,做影像创作的一直坐在电脑前面不动,你看那我丈夫就能明白了,越来越胖(笑)。

你抽烟吗?

之前我得蛛网膜下腔出血的时候,问过医生能不能吸烟。医生说没关系的,蛛网膜下腔出血一般是由于压力大,所以吸烟没关系。医生说适量饮酒也是没关系的,所以我每晚会喝得微醺再去睡。

香烟和饮酒都没关系,这可不太像医生说的话。

是呀(笑)。适度就好,不过话说回来,吸烟虽然对身体健康有害,对心理健康其实是有益的,压力大的时候是能减缓的良药!

非常感谢接受这次的采访。

我也很开心能这样的聊天。

Chen Xi: To Make Hard Science Vision

陈熹：制造视觉硬科幻

alka | 撰文　玛鲨苗酱 | 摄影　陈熹 | 部分图片提供　徐晴 | 编辑

来自外太空的宇宙飞船悄然而至，人们陷入不安和恐慌，地球人派出自己的飞船企图一探究竟……这个情节来自小说家阿瑟·C·克拉克的《与拉玛相会》。这部蜚声科幻文坛的小说，也是陈熹的至爱。有时候他会边画画边收听英文有声的科幻小说，而在他的作品里，外星人、宇航员、飞行器都是常客，它们也正构建出一幅视觉系统里的硬科幻小品。

Chen Xi was born in Wuhan in 1985. After graduating from East China Normal University with a masters degree of Fine Arts in 2008, he became a professional artist in 2011. Now he writes articles about arts as well. Chen has been addicted to science since he was a high school student and his favorite science fiction is "Rendezvous with Rama" written by Arthur C. Clarke. He dreamt to be a scientist from the very beginning, so astronauts, aliens and futuristic imaginations of human show up a lot in his paintings. Most of his time is spent on working. He lives in an apartment with two bedrooms that doubles as his workshop.

第一次见到陈熹时，他正忙着在星空间布展。正式聊天之前，他用展厅里刚刚装上的电视机播放了一个叫做《RAT》的视频，这是他几年前的动画短片作品，"RAT"分别表示动画里 Renovationist（更新派）、Accesser（数据访问器）和 Translator（转译者）的三个部分。"Renovationist"里，小女孩躺在"时空胶囊"里昏睡，醒来以后却要应对整个陌生的未来，动画里虚构的"时间挤出装置"成了整个未来的关键，画外则是陈熹自己献声的中英文配音。

就如他所说的，科学家不能随便发言，但是艺术家幻想什么都可以。

陈熹对科幻的热衷也许有迹可寻，高中时学习理科、对生物学感兴趣、喜欢研究小动物和小细胞。在他所上的省重点高中里，把未来规划成科学家或是成功人士都算不上异想天开。而真正没想到的是，高三那年的陈熹突然"弃理从艺"，学起从没学过的画画。原因很简单——因为喜欢上了一个学画画的女孩。半路出家的陈熹学得很快，最后姑娘没追上，自己却读了艺术专业。

而开始热衷画机械和外星人这些东西，就要追溯到大学时期了，陈熹把自己那时候不务正业的创作描述成"不是个好学生"和"变态"，另外还补充解释道："一般大家这么说的时候其实都是在夸自己。"事实上，这个形容多少有些夸张，当时的陈熹不算上是个叛逆的大学生，他对未来的规划是做老师，也觉得学艺术专业做老师是理所应当，直到研究生二年级一次去画廊投作品的经历，才改变了这个本来清晰的职业规划。"当时我是去找画廊投作品的，老板说你画得很好，然后还跟他助理说这个人画得很好，然后他助

靠窗的这张大桌子就是陈熹平时画画的地方，桌子的大小正好可以放得下一整张画纸。因为要模拟画廊的光线试看最终效果，他在家的时候基本都会习惯把窗帘拉上。Chen Xi usually paints on the big table beside the window. The size of the table is just right for painting paper. He used to paint with the curtains closed in order to simulate the light in galleries and see the final effect.

INFO　陈熹

1985年出生于中国武汉 ● 2008年江南大学美术系本科毕业 ● 2012年华东师范大学美术系获得硕士学位
● 2009年陈熹近作展，华东师范大学美术馆，上海，中国 ● 2013年上海艺术设计展，上海当代艺术博物馆，上海，中国 | 机器视觉，视界艺术，上海，中国 ● 2012年龙的时间，劳玛美术馆，劳玛，芬兰 | 风向　中国当代青年艺术家作品展，莫斯科现代艺术美术馆，莫斯科，俄罗斯 ● 2011年新时代影像展，视界艺术中心，上海，中国 | 阿肯色州立大学交流展，阿肯色州立大学美术馆，琼斯伯勒，美国

陈熹和女朋友住在远离北京五环外的孙河，两室一厅的房子即是家也是工作室。陈熹特意用纸箱和房东留下的老式折叠圆桌搭建了这个"工作台"，他说站着工作比较健康，工作同时还能锻炼。Chen Xi and his girlfriend live in Sunhe, a place beyond the 5th ring road in Beijing. Their house has a living room and two bedrooms. It is also Chen's workshop. His workstation is made up of two old cardboard boxes and an old folding table left by the landlord. He said it's healthier to work this way, as he can work and exercise at the same time.

桌子下面的两幅画是陈熹用蔬菜、果汁和鸡蛋画画的实验，为UCCA（尤伦斯当代艺术中心）以食材画画的工作坊做准备。Two paintings beneath the table are Chen's experiments with vegetable, fruit juice and eggs. He did it for a workshop in UCCA, which use food to paint.

现在，陈熹住在位于北京孙河地区的某小区内，一间两居室同时作为住所和工作室，每天除了吃饭和睡觉基本上都在工作。平日他里最大的业余爱好除了听 podcast 和在"bilibili"上看动画，就是去小区外成片的土坡上骑车，那里视野极好，天气好的时候可以俯瞰到东北五环的城郊生态。一直热衷科幻元素的陈熹，最近几年开始画抽象。不过细看之下你会发现，那些散落在画布上的色彩碎片其实是他把自己之前对飞行器的想象进行了肢解，或许可以理解为拆分的机械部件。陈熹幽默地说："这些其实也不抽，只是某种写意的科幻"。陈熹画画总是带着一点理科生对"逻辑"的执拗，比如画一个打开的飞行器首先会考虑它是不是能严丝合缝的盖上、把宇航员安全得包裹住，而不是探究这画里面的铁家伙是不是能起飞；在最近画的抽象机械里，他为自己设定了要在每一笔的边缘留白的规矩，不能出一点差错，听起来有点任性。

理突然在我面前辞职了。就这样莫名其妙地接替了那个助理的职位。"这份从天而降的工作，让陈熹慢慢开始接触艺术圈："我以前以为画画就是艺术家了，而且跟其他工作相比觉得画画特自由，随便画什么都可以。后来才发现原来艺术的第一个潜规则就是：艺术家也是一份职业，和其他所有的行业都一样。"

陈熹是狮子座，但他对占星学说不太认同，认为那只是古人的一种把戏。事实好像也证实着他的说法，陈熹有着狮子座少有的冷静，作为忠实的科幻爱好者，他对宇宙探索的态度并不狂热，甚至算得上保守。他认为宇宙就在那里，人们只是试

用傻瓜胶片机拍照是他从大学开始就保留着的习惯，这些照片都是随手拍摄，没什么主题，有时候他会把他们做一些简单的后期合成，造出冷幽默。He began to take pictures with fool film camera when he was in college. These pictures were shot without any theme. Sometimes he would create some dry humorous pieces through post production techniques.

gogo× 陈熹

你对太空探索怎么看？
我觉得我们一直都在太空里，并不是飞到万米高空就算是到太空了。地球和太空的界限其实不存在，就是说哪怕你把头探出去，你也是在太空探索。

你觉得人类为什么要去探索太空？
就是因为人有所谓的好奇心。这种好奇心是生理需要，想去了解这些天天挂在天上的东西是什么。不是说每个人都会仰望星空的吗？电影里的人到死也总是要看看天。人类需要去探索，就像你想去了解那些你不知道的东西。

你觉得存在外星人吗？
外星生命肯定是有的。但我不认为有外星人。人类最怕孤独，因为人是绝对的社会动物。如果人类的科技到达一定程度就会觉得自己也许在宇宙里也应该有个伙伴。然后去寻找这些同类生命的线索来安抚自己……

那你的意思是外星生命不是"人"？
对，反正不应该是那种能跟我们对话的物种，你想外星上有一个人和你一样在玩儿iPhone的几率是多么小，从一块石头变成一个能WIFI上网的社会是很难的。

gogo × Chen Xi

What do you think of space exploration?
We are staying in space all the time. It is not only when we fly to high altitude that we are in space. The boundary between the Earth and space actually doesn't exist. You can just lean out your head and say you are exploring the space.

Why do people always love to explore the space?
Human beings have curiosity. This curiosity is based on their physiological needs. They always want to understand what is beyond the sky. Everyone would look at the stars, wouldn't they? In movies, people would look at the sky even when they are dying. Hence human beings need to explore, like you need to find out about the unknown.

图走出去看一看而已,至于能看到什么,在短时间内肯定也弄不明白。"我觉得我们一直在太空里,虽然我们是在地球上,但这也是太空,只不过是在空气浓度更高一点的地方而已。"这种"心态正直"同样显现到他的职业态度上,选择艺术家作为职业,画画就是份内的事情,卖画也是一样。对于这个职业他觉得:"这份工作的要领就是制作与营销",也觉得:"这个事情没什么棒的。不过它可以让你稍微懒一点,艺术家如果累了他可以懒五年,因为只要你出来一次是艺术家,再出来就还是艺术家。"目前,他对自己的工作计划是每年至少 5 个展览,对于卖作品的态度倒是顺其自然,哪个艺术家不爱卖作品呢?他说:"人家买你的作品就是对你的最高认可。他就算不喜欢都已经要占有你的东西了,这说明就是至高的认可了。"

动画视频《RAT》的分镜手稿 Manuscript storyboard of animation RAT

陈熹的日常

9:00a.m.
起床、开始工作

中午或晚上花 15 分钟骑自行车去 711 买盒饭(最喜欢的超市其实是全家)
- 通常买:7 元的炒面 /13.8 元的盒饭 /18 元的盒饭
- 711 最爱吃的东西:咖喱蛋包饭
- 711 之外最常去的"餐馆":小区里的重庆小面
- 最常点的一道菜:豌杂面

工作时的习惯:听英文 podcast
- 最常听《This America Life》
休息时时的消遣:在 Bilibili 看动画
- 最近收看的动漫:《樱兰高校男公关部》/《寄生兽》
- 最喜欢的动漫:《Adventure Time》
平时常用的 app:图片 / 微信 / safari/ Bilibili

1:00a.m.
睡觉

陈熹有骑自行车的习惯,并且有自己的秘密基地——这是一个位于城铁孙河站边荒废的土坡,陈熹管它叫"垃圾堆"。他在这里的保留项目是以最快的速度从坡顶直冲而下。因为没有计时,他一般都以强压下车把和车杠距离的缩短来获得满足感。爬上土坡,高架公路的一边是刚开发的崭新楼盘,另一边是荒草、树丛和建筑垃圾,头顶不时出现的飞机和一边呼啸而过的地铁便可以组成整个冬天最魔幻的景象。Chen Xi loves cycling and he has a secret base of his own- an abandoned slope near the Sunhe Subway Station. He named it "rubbish heap" and he loves to dash down from the top at the highest speed. As it is not timed, he usually gains satisfaction by minimising the distance between the handles and the body of the bike. From the top of the slope, you can see new residential buildings on one side, and wasteland and construction rubbish on the other. Sometimes when an airplane or a subway goes by, that would be the most fantastic scene of the whole winter.

可能是另外一种完全不一样的体系？
对，也许是不能解释的东西，可能不是由物质构成的，可能是精神世界的东西，不是我们能探讨的。不止是用我们的知识体系，用构成我们宇宙的方式都是没法探寻。也许还有另一种解释，就是你传递信息过去了，那个信息不是通过波或者光传播的，我们也不知道它是怎么传播的。就像我们所有人都不知道iPhone里面到底是什么东西，但是我们都会用，就像我会做3D，但是3D软件我就不会自己造出来。我们会用宇宙里的这些常理，但是宇宙不是我们造的。

Do you believe that the aliens really exist?
There must be some extraterrestrial lifeforms, but I don't think there are aliens out there. Humans are absolute social animals, and loneliness frightens us most. When science and technology develops to a certain extent, we would feel like we have companions the universe. We are searching for clues of our companions to comfort ourselves.

Do you think aliens would come and invade Earth?
Yes, to fight against us, what else can they do? Places like Earth must be scarce in the universe. it would be hard to find another. If we can observe the aliens, they surely observed us earlier and that means they are so close to us.

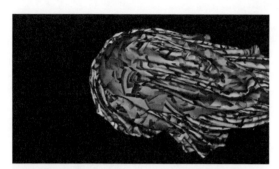

《10件球》是陈熹2015年的作品，于5月在上海We画廊展出。它们看起来像是在宇宙背景下的10个星球，实则是陈熹利用电脑捕捉物体内部的细微变化而来。比如《剥Skin》的素材就是显微视角下的头发丝，就像月球的《涉Trek》，用到了陈熹自己的脸部图像作为素材。有趣的是，这里每个球体的命名，都由中英文含义互补的两个词组成。The "10 pieces of ball" are Chen's 2015 paintings. They were exhibited in May in Shanghai We gallery. They seem like 10 planets in the universe, but are in fact images of internal structures. captured by computers. For instance, the piece "Bo skin" is actually images of hair under a microscope, and "She Trek", which looks like moon, is actually images of the artist's own face. It is interesting that the name of every ball consists of two complementary English and Chinese words.

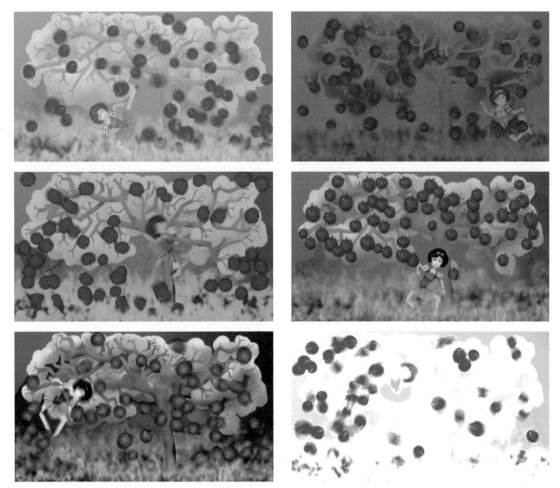

新媒体创作已经成了陈熹的拿手戏,《公主7日(7p)》通过超级玛丽一样的单机游戏形式呈现白雪公主和苹果的故事,对于这个命名,陈熹的解释是"用并不色情的方式进行生理唤起"。Chen is good at utilising new media in his works. "Princess 7p" illustrates the story between Snow White and the apple using pixelated images like the game Super Mario. About the name, Chen explained it is using non pornographic methods to evoke biological desire.

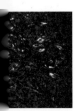

你觉得外星人造访地球的目的会是入侵吗?
对,打我们,要不然他们来干嘛?宇宙里像地球这么好的地方很少,几乎找不到第二家。如果我们真的观测到外星人,他们肯定早就观测到我们了,而且说明他们离我们很近。

你觉得有没有可能外星人比我们笨?
那我们就观测不到他们了,他们很笨的话。首先他们要会用无线电吧。他们有功率很强的东西让我们探测到,说明他们比我们先进很多。

如果打仗的话,你觉得地球人会输?
一般是的,如果他们来找我们的话,肯定是我们输了。首先你想,如果他们来到这,要不就在我们的太阳系埋伏很久,在所有的星球背面埋伏很久了。要不就是他们躲在木星里面。木星那么大,但只比地球重一百倍,说明它里面很多是空的。如果他们真来,肯定是要把我们灭了,我们去他们那打是不可能的,因为地球连温饱都没解决,说白了地球上什么都没有解决,连宇宙是什么都不知道。

你有没有想过地球的未来会是什么样子?
人这么气势汹汹的,我不知道能活多少年,但应该不会比两亿年长吧。恐龙才活了两亿年。而且恐龙不会自相残杀,也没有发明原子弹,它们只有嘴巴和胃。那么环保都只活了两亿年。

未来人会变成什么样子?
人以后就变成机器人了,到了未来,应该是当外星人来到地球上,看到的都是一些机器在动来动去,我们这种生物迟早要消失,我觉得应该是看到这样的。

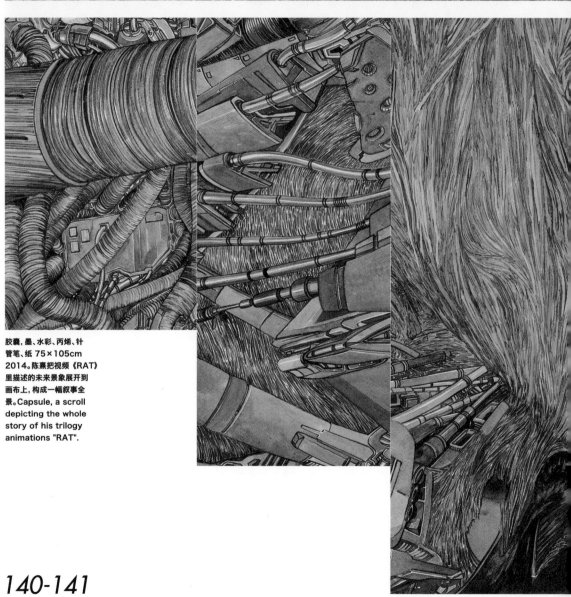

胶囊,墨、水彩、丙烯、针管笔、纸 75×105cm 2014。陈熹把视频《RAT》里描述的未来景象展开到画布上,构成一幅叙事全景。Capsule, a scroll depicting the whole story of his trilogy animations "RAT".

《RAT》分镜剧本（部分）
Shooting Script of RAT (part)

Hello everyone 大家好

Here is a battlefield　the Earth 这里是个普通的战场　地球

TIME is the energy in our age 在这个时代　时间被证明是能量本身

Our current civilization rely on time extrusion drive 现在的文明就是靠时间挤出装置驱动的

Few carrier equipped with TED 自带时间挤出装置的载有

TimeBot TimeCabin TimeShell

They first appeared in the period when Time Energy just enter the practical use 他们第一次出现是在时间能刚刚实用化的时期

They sent us a few strange film 他们发送给我们几部诡异的片子

which probably says the Time Extrusion Drive will suck up all the time from the future eventually 其中大概说人类文明会抽走所有未来的时间

so the universe will froze or cycle to the initial state or be replaced by a new universe 使宇宙停止或循环到初始状态或置换新宇宙

The concept "now" will disappear "现在" 这个概念会消失

and everything exists only in the past 使一切只存在在过去

There are a lot of people in the future put themselves into a Time Chamber in order to escape the shackles of time and space 在未来有不少人为了逃脱时空束缚而把自己装入时空幽室里

The most common form is a capsule 最普遍的一种是胶囊服

One section advocate the use of TED to cause the premature destruction of the old universe and create a new 一部分人主张用 TED 的力量引发旧宇宙毁灭　再创造个新宇宙

Because they regard reset as the ultimate form of civilization　They are Renovationist 因为他们觉得重置才是文明的终极形态　他们是　更新派

The other section claim to destroy all the TED 另一部分人主张摧毁所有时间挤出技术

they go back in time and launched an attack on us　They are Universal Protection Organization 就是这群人穿越到现在向我们发动了攻击　他们是　保全派

We done research on how to extrude time from the Living 我们研究的是如何从活体里抽取时间

Extrude possibility from the timeline of the Living 从活体存在的时间线里挤出可能性

We are ACCESSER　You are ACCESSEE 我们是活体接入员　你们是被接入体

Earlier we did some research on time extrution from plant 之前我们做过从植物体抽取时间能的研究

Although Time Energy is attendable 虽然能得到时间能

But without sufficient novelty 但没有新鲜感

Plants do not have Individual Memory Storage Device 植物没有个体记忆储存装置

Not much difference between the same species 同种植物之间没有太多差异

Nothing unique 没有个性

So safe that we even once use a duck as Accesser 我们以前甚至用一只鸭来充当接入员

TIME ENERGY extruded from the whole universe can be stable 从整个宇宙挤出的时间能是稳定的

For numerous beings cancel the differences out of each other 因为无数的事物互相抵消了差异

The future extruded from single Living 从单个活体上抽取的未来

Is too individual　uncertain and change all the time 过于个体化　不确定　时刻都在变化

Accesser can use your possibility Only by going to your future time 所以接入员只能通过进入到你们的未来时间里才能使用你们的可能性

The extruded time will mingle into another life on their way to the end 被挤出的时间最终会汇入另一个生命里直至终结

The Time Extrusion Technology for Living can absorb present flesh and possible future flesh all at once 用于活体的时间挤出技术可以将现在和未来都吸收干净

All your future possibilities will nourish me for two whole hours 你未来所有的可能性够我使用两个小时

Then you will disappear 之后你便消失

In my mind　a memory will be build just for you 在我脑中会留下一段关于你的记忆

We are Co editor in making this memory 这段记忆是我们共同编辑完成的

You can enjoy yourself in playing with my memories and finding your paradise 你可以尽情的在我的记忆里寻找并创造你的乐园

This will bring me all sorts of new memories in the proceess 期间会给我留下各种记忆产物

Now go and be ready to get your limited happiness and tranquility 快去获得你有限的幸福吧

I absorp more than 10 Livings a day 我每天要吸收十多个活体

If Accesser run into a strong and highly unique Living 如果碰上厉害的极具个性的活体

Change may occur in Accesser's individual character 可能会转变接入员的人格

Accesser may not wake up 接入员很可能不再醒来

This must be a will of the Accesser　they choose not to wake up 但这一定是接入员的某种意愿

Any memory change must be agreed by two consciousness 任何的记忆改变必须经由双方意识同意

Once consciousness mix together 一旦意识融合

Will be like that little girl whom can't stop dancing in a fairy tale 就会像那个不能停止跳舞的童话里的小女孩

This job can be risky but always charming 这份工作虽然风险很大　但魅力十足

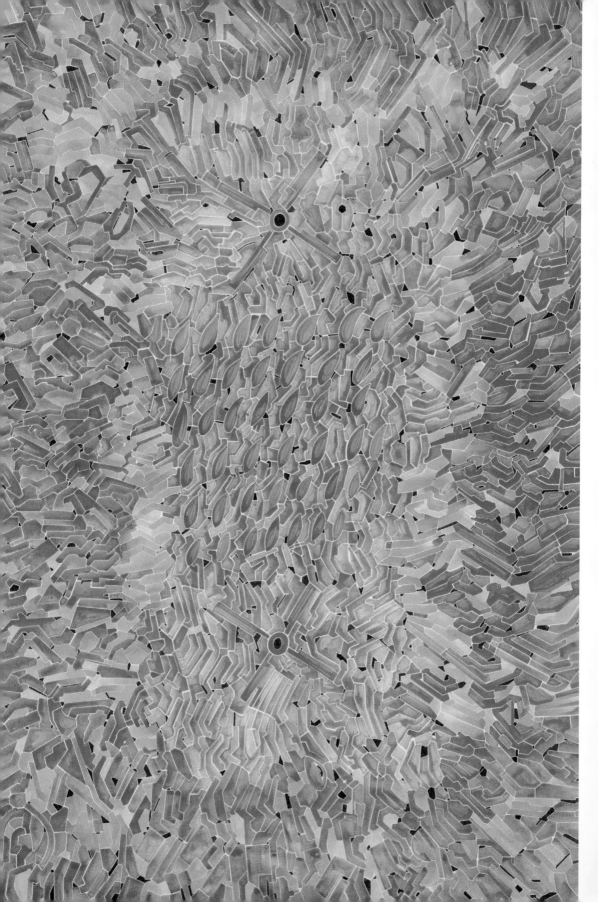

←抽象作品11号（局部），由机器谱写的平行世界，Details of my abstract painting that form a parallel world composed of machines. NO.11, 墨、丙烯、纸，150X100cm, 2014

→十四个人 Fourteen man, 水彩、墨、针管笔、纸，70X100cm, 2013

你觉得是什么原因导致消失？
地球上总是这样，生物到达一个很高的量之后，就会往下跌。不是正弦曲线，它是"啪"一下砸到谷底，然后再涨。很多这样的情况，比如太阳突然辐射增强、地球突然进入冰期或者地轴偏了一下，这些都会影响地球上的生物，因为地球上的生物就像羽毛球上的毛一样，拽一下就飞掉了。

如果不考虑逻辑问题，你对地球的未来还有什么想象？
我想不到除了人类全部消失之外的结局。地球作为一个星球它总是要结束的，而殖民外星几乎没有可能。外星可能也挺好的，移民月球肯定会，而且绝对会把月球改造成一个太空船，但还是太慢了。

你在有生之年会有去外星的愿望吗？
去不了的，我们这辈子可能会看到几个人去火星，仅此而已。

Have you imagined what the future of Earth would be like?
Humans are aggressive. I have no idea how long can we live, maybe no more than 200 million years. Dinosaurs only lived for 200 million years and they didn't kill each other or invent atomic bombs. They only cared about feeding themselves and despite its eco-friendliness, they only lived for 200 million years.
Regardless of logic, how do you imagine the future of Earth?
I can't think of anything else except human exteinction. As a planet, Earth will end one day and it's almost impossible to colonize other planet. Outer planets may be fantastic and we may move to the moon or transform the moon into a big spaceship, but all this is too far away.
Do you want to go to the outer-space yourself?
I can't. Maybe we can see someone else land on Mars in our life time, but that's all.

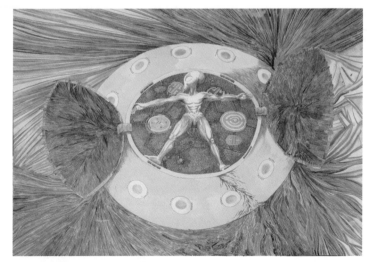

维特鲁威人 Vitruvian Man, 水彩、针管笔、纸，70X100cm, 2013

12
Liu Cixin: An Invitation from Infinity

刘慈欣：一个奔向浩瀚无垠的邀请

享子 | 采访、撰文　周赞 | 编辑

If you want to contribute to the cause of leaving Earth, you can be a physicist, a mechanical engineer or a sci-fi writer. But in any case, even in science fiction, what we create is based on realistic possibilities.

真正的太空奥德赛在哪里？如果你试图为走出地球真正做点什么，要么成为物理科学家、机械工程师，要么就去写科幻吧。但无论如何，即使是在科幻里，我们在集体编织的，也是基于"真实"的可能。

"离开这个地球或许并不那么容易，你要进行精确的计算，最后的结论可能依然是：只送大脑。"这是小说《三体》中的一段情节。

从山西阳泉到半人马阿尔法星，仅仅隔着一个刘慈欣。

2014年，刘慈欣获得了华语科幻星云奖。他在导演的逼迫下穿上西装走了红毯，跟这一届星云奖的赞助客户坐在一起讨论被过度阐释的黑暗森林法则，签售时间超过预定时长的一倍，还在飞机上写了人生中第一部话剧《三体外传》。同一个11月，《三体》第一部英文版由美国老牌科幻杂志社Tor出版发行。再后来的事情大家都知道，他的作品进入了美国那个更老牌的星云奖提名，改编电影开始进行大力宣传。每天都有刘慈欣的新闻：《三体》入围星云奖了，《三体》的改编电影开机了，成为腾讯移动游戏的想象力架构师了。

2015年，北京时间8月23日下午1时，第73届雨果奖在华盛顿州斯波坎会议中心颁布，刘慈欣凭借科幻小说《三体》获得了最佳长篇故事奖，成为第一个获得雨果奖的亚洲人。西方科幻界的巨头第一次把目光注目中国，连IP改编大赢家、《冰与火之歌》的作者乔治·马丁都说"I kindly liked ThreeBody（三体）"。

多年来的努力形成潮水，科幻作家终于进入了大众的视野。

单从时态来讲，科幻这种文体讲述的是即将到来的未来故事，科幻作家扮演成预言者的角色——不幸的是从未真正成功。但当下，衡量一个科幻作家是否在书写真正成功的故事，功利的角度则是看"改编IP"。

这一切，在七年前出版《三体》时，刘慈欣都没有想过。在IP概念还未被热炒的时候，有人来买《三体》的电影改编权，就便宜卖了。他成为华语科幻圈第一个享受到创造IP带来的收益、同时

"It's not easy to leave the earth. You need precise calculations, and even so, the final conclusion may be "only in our thoughts". This is a paragraph from novel "The Three-body Problem". Liu won the 2014 Xingyun Award for Chinese Science Fiction. The first English version of The Three-body Problem was published by Tor, the old American science fiction magazine in November. Later it was nominated by the established Nebula Award and people began to hear about its film adaption. Liu has sprung into the limelight: the award nomination, the shooting of the film adaptation, and became a game architect for Tencent mobile. In 2015, he won the Hugo Award for Best Novel, making him the first Asian writer to win the award. It's the first time Chinese science fiction attracted western attention. Even winner of Intellectual Properties Award, "Game of Thrones author George Martin said," I kindly liked Three-Body".

The years of effort finally formed a trend, and science fiction is becoming mainstream.

Liu Cixin has never dreamed of this when he published "The Three-body Problem" 7 years ago. At that time, the concept of Intellectual Property rights was not a topic in hype. The adaption right was sold in a low price. Liu was the first Chinese science fiction writer to benefit from intellectual property rights. When surfing the Internet, he only browses the news, but never interact with the netizens. He did however join a community discussion for "Three-body", this must be completed as it was a requirement in the movie adaptation contract.

也被IP浪潮裹挟着前进的人。他上网只看新闻，不会与网友互动，但开始在三体社区参与微访谈。这是一份必须完成的工作，参与三体电影，合同里面规定的。

熟悉刘慈欣的人都叫他"大刘"。平时的白天，大刘应付杂事，处理家事和工作，晚上写作，但最近也没怎么写。很多时间在读书，什么都读，多是与科学、历史有关的书。比如现在正在看的契诃夫《萨哈林旅行记》，手边放着保罗·巴奇加卢皮《拆船工》，还有一些《世界为什么存在》之类的原版书。而采访则安排在深夜十点之后。现在采访很多，作为工作的一部分他无法拒绝，但记者们"来来去去就那么几个问题"。

刘慈欣说，把科幻作家视为科技预言者是可笑的。但这一群人分明是某一平行宇宙、或是某一未来，可能性的创造者。纵览时间的长度与空间的广度，他们的大脑为读者拓展了无限疆域。科幻作家试图描绘一些影响整个人类的突变，但也许他们的"脑洞"本身就是一种突变。

科幻的脑洞来自哪里？将银河系室女座悬臂二维化的想法是

如何萌芽的？

对刘慈欣而言，太空电影或许正是开启脑洞的催化剂。他从童年开始缓慢地回忆，一个好的太空奥德赛，或者说一部好的太空电影，通常是如何呈现的：他重复了无数遍"真实"；他多次提到为太空故事增设人类规则是一件多余的事，当人类在太空中，就已经不再是人类；打破种族、国界、人体沟通的藩篱，挑战强大的地心引力，这些纯粹的、奔向太空、再回归母体的故事，令他百看不厌。

科幻在当下被赋予了很多现在时的意义。讨论太空的作品越来越热，关于太空的想象越来越多，而讨论太空本身的，可能一整年只有几个吸引眼球的事件。

离开广阔的自然太久，普通人并不需要在意尺度在身边的意义，一个人可以清楚自己的腰围和脚长，在日常生活中就足够应用。乘坐飞机是普通人一生中最接近边界的时刻。可能只有在飞翔的时候你才能意识到太空探索的意义——远方有新的孤寂、新的狂欢与新的自由——而进入太空，意味着又一次人类种群的扩散。此刻地球是银河系的"非洲"，偏僻的土壤上养育了一群自以为有灵智的碳基生物。他们试图度过宽阔的虚空重洋，去寻找播撒新生命之地。

宇宙的尺度如此巨大，就算真的有三体人，等他到达地球也可能要几百年的时间，在此之前，人群之中传播的信息可能并非恐慌。大刘说，"更大可能是漠不关心。而漠不关心，比恐慌更可怕。根本不考虑以后那么长远的事儿，根本不做任何准备。这也是一个危险。"

面对 gogo 提出的"外星人应急预案"、"太空探索方案"，大刘先说"我只是一个写小说的"，自己心目中没有这样的应急预案，但忍不住又说"这是一个专业问题"。

"我们的征途是星辰大海"这句话被无数次引用到滥情的地步。但在虚拟空间之中一切口号式的行动并不能引发太空事业的真正启动。"你要是严肃地去考虑这个问题，那就麻烦了。要构想国家层面、政府层面，一系列政治、经济、法律各方面的运作，非常复杂。这就不是科幻的表达方式，实际上它会异常枯燥。"

Liu said, it is ridiculous to consider a sci-fi author as a predictor of science and technology. But obviously, they are the creators of fictional parallel universe or dimensions. When we look far and wide in time and space, their thoughts expand the readers' infinity. They try to illustrate some mutations that will affect every human being. Perhaps their thoughts are mutations.

Space has tremendous attraction to humans. Facing questions from gogo such as "emergency plan for aliens", "Space exploration plan", he said," I am just a book writer". He means that there is no such plan in his mind, but he can't help but to say," This is a technical question".

"Our path for conquest lies in the stars" is a concept used regularly. Such slogans and fantasy that exist in virtual reality does not translate into action. "You can't think of it seriously. It's complicated, concerning nations, governments, politics, economy and laws. In fact it is really dull. Science fiction does not consider all this and is expressed differently."

gogo× 刘慈欣 / gogo × Liu Cixin

如果现在是"中国科幻的黄金时代"，那么您预测这个时代会持续多久？为什么？

会持续很久的。因为目前中国科幻受到注意，还只局限在文学方面。下一步，当中国科幻影视启动，会吸引更多的注意力，反过来也会带动文学。当然我说的是"几乎就是黄金时代"，并不是说"就是中国科幻的黄金时代"。它离真正意义上的黄金时代还差得很远。它缺少黄金时代两样关键的东西：涌现出来的大量有影响力的作品、大批有影响力的作家。所以它并非是真正的黄金时代，只是有那个趋势。但我还是比较乐观的。

您最关心的科学领域是什么？

我最关心的还是最前沿的科学领域，比如物理学、宇宙学。这是人类进步最基础的东西。我们首先得认识世界，才能改变世界。对世界的认识是最重要的，所以我最关心的是物理学。

最近十年，在前沿科学领域，人类对世界的认知有什么进步吗？或者说是共识更多了，还是认识更多了？

进步一直都有。但是相对于本世纪初那样一个物理学革命的时代，划时代的发现不断出现，今天的进步好像还是比较缓慢。另一方面，今天物理学最前沿的理论，变得离实验、能证实的距离很远。好比古希腊波摩柯基特的《原子论》，可能要 2000 年以后才能被证实。现在物理学的超弦理论就是这样。要有进步确实很困难。

很多关于外星人的谣言都是上世纪五六十年代美国科幻黄金年代的产物。很多外星人是人类捏造出来的。您怎么应对这样的怀疑？

别说外星人了，到现在为止还没有一例确切证明地球之外还有生命存在的证据。所以我们谈这些肯定是空对空的。有一种可能是，整个宇宙中，就地球上有生命，人类是一种极其偶然的现象。我毕竟不是科学家，是写科幻小说的。我最关心的是从前沿的科学理论中，能够得到什么故事资源。主要还是关心怎样用它来产生好的故事，有更多好的创意。

三体社区开通之后，我突然发现果然到了开发 V 装具的时刻，各种虚拟现实工具都在研发中。您曾经尝试过这样的智能产品吗？比如 Oculus Rift、Kinect，各种智能手环……技术到位了，有可能会做 Threebody 这款游戏吗？

三体的游戏等不了那会儿，就会有人在做的。游戏的改编权已经转让了，游族游戏肯定会做这个游戏的。

怎么看虚拟现实技术？我觉得这是让人越来越宅的一种技术。大家都在低头看手机，以后或许在家就能体验到去太空的感觉了。人类会不会宅到无法离开地球？

对对对，这确实是个问题。这个技术让人变得越来越内向，整个文明变得越来越内向。我在虚拟现实里什么都能得到，包括你说的，我自己能给自己创造出太空体验，能够代替一切。这确实有可能是一个趋势。我们越来越变成一种很内向的文明，而不是向外去开拓、去探索的文明。

您会如何鼓励大家走出去呢？

最近我注意到一个事实，改变现代社会的有两大技术，一是计算机技术、网络技术，另外一个就是航天技术。你可能不知道，这两个技术他们真正意义上的诞生，相差不到一个月。1946 年 4 月份，美国成立了"空天委员会"，德国来的冯布劳恩作为主任，这就是 NASA

Assume that now it is the golden age of Chinese science fiction, can you predict how long will it last? Why?

It will last a long time, as Chinese sci-fi is gaining momentum, stimulation a literature movement. Next, with the help of movie industry, it will gain even more attraction, and thus more authors and literature will emerge. It is like the "almost golden age", not "THE golden age". It is still far away from the real golden age, because it misses two important factors of golden age: large quantity of influential works and writers. But I am optimistic about it.

的前身。四月的这一天，被看做是现代航天事业的开端。过了20多天，在费城的宾夕法尼亚大学的实验室里，人类的第一台计算机诞生了。

他们相距这么近，但是这两项技术发展到今天，你看看他们的差别有多大。计算机技术、互联网技术改变了我们的生活和整个世界，这毫不夸张。但航天改变的东西就太少了，几乎没改变太多东西。

这两项技术有共同之处，都是在开拓未知的空间。网络、IT技术开拓的是未知的虚拟空间；航天技术开拓的是已有的实体的宇宙空间。你看看现在，如果进入IT的虚拟空间，这是很容易的事儿，用不着什么成本，拿个手机就进去了，你现在想进航天开拓的空间，那是有明码标价的，上一次国际空间站，2000万美元。所以说这个技术差得太远了。航天不能说对我们的生活一点没有改变，但与互联网对生活的改变相比，差得很远。当初这两项技术诞生的时候，一个人拥有一台计算机，并不比他拥有一枚航天火箭要容易多少。价钱差不多。为什么现在差别这么大呢？

你看看现在从事航天的机构，中国是航天部，美国是NASA，日本是宇宙开发署。你再看看互联网的机构，微软、联想、谷歌、淘宝……这一目了然：航天全是国家行为，IT全是民间行为。所以，要让航天事业真正发展起来，让人走出去，第一件事就是，不要把希望寄托在人类的责任心、开拓精神或者是远大目光上。历史上没有一件事是靠这些做成的。你得先让航天事业的市场启动起来，让他们赚到钱。而要做到这一点，最可行的办法就是航天事业民营化。民间蕴含着巨大的创造力，同时也蕴含着降低成本、提高效率的强大动力和欲望。像IT技术走向市场、走向我们生活关键的几步，全是民营化搞出来的。

我阳泉一中的中学校友李彦宏在这一届人大会上提出了一个提案，就是呼吁国家让航天民营化。是不是百度真的打算进入航天呢？现在有一个很有趣的特点，航天民营化以后，你会发现IT技术、互联网和航天有天然的联系。美国那几个民营化的大佬都是从互联网领域出去的。

怎么看西方民间的太空探索活动？比如Elon Musk的spaceX？

不管是国家的航天事业还是民营化的航天，本质上都是以经济利益为基础的。那种投入大又没什么产出的事业，不管是国家还是个人，是不会去做的。而且相反，航天民营化后，追逐利益驱动的趋势更明显。国家还可以办一个工程不挣钱，私人的话大概很难。所以说做航天的这些老板都是很有太空情怀的人。但是从他们的事业的性质来说，不可能做出那种真正的脱离经济效益的探索。那种探索，我想现在只要经济社会还存在一天，那种大规模的探索和开拓很难启动起来。

只能是慢慢扩张吧？比如先到月球，然后火星，然后到更远的地方。

这个不是快慢的问题。如果赚不到钱，市场启动不起来，永远也不可能扩张。不是慢，现在是在往后退。现在我们迈向太空的步伐，还不如六十年代。

Musk要在火星建无线网络基站。

所以互联网和航天有着密切的联系——都是需要创意、创新的领域。我们应该学IT发展起来的经验，把它推向民间，推向市场，这是唯一的出路。那些更高大上的东西，什么人的责任心、远见啦，从来指望不上。即便是60年代的航天高潮，也不是因为这些东西，而是源自人们的恐惧感，两个大国相互之间显示实力的需要。

其实航天跟人类平时的生活关系并不密切，但他会有一些科研的成果会进入到人们的生活，比如材料什么的。

和人类的生活关系不密切，是因为市场还没有启动起来。当初计算机和咱们的生活，比航天和咱们的生活还远，那个搞大容量计算的，跟普通人有啥关系？以至于当时一个学者说，全世界有五台大电脑，计算容量就够了。但是航天和人类发生关系，是看得见摸得着的。

比如说呢？

一步一步，先想最直接的关系：太空旅游。现在大部分人去不起，前面说真正的太空旅游要2000万美金，那肯定不行。便宜点的像SpaceX，20万美金，那倒是不算太贵。但是只能失重状态持续4分钟半，有什么意思？太空旅游市场开拓起来，就会跟我们有一定的关系，但关系也不是说太大哈。

下一步关系就大了，是能源。目前地球上的碳排放是个问题，如果把整个能源系统搬到太空去，在太空建立太阳能发电站，然后再用微波把太阳能传回来，这个关系就大多了：我们每天用的电是从太空来的。再下一步关系更大了，北京的雾霾怎么办？把北京周边的污染企业都搬到太空去，那儿不怕污染。这个关系就越来越大了。

如果这三项做到了，那么整个航天市场就启动起来了。那么下一步更大的就去做。比如我们有可能在地球的轨道上建立太空城，人类可以在上面长期居住。再下一步，你可以移民月球、火星，提供大量的工作机会。这一步一步，跟我们的关系就越来越紧密了。

所以说，太空航天它真正启动起来，与我们的关系可能会跟互联网一样密切？

问题是现在这个市场，它启动不起来。一个是政策问题，什么时候开放？还有一个客观原因是航天事业要启动市场要花的钱，比IT要多得多。它需要投入的原始资金要大得多。另一方面，它风险也大。做IT产业不会死人的，但是航天会死人的。但我觉得这个市场应该尽快地启动起来。

还是有可能迈向太空的。

这次我去上海就遇到一个很年轻的公司，是做火箭的。但是他们的火箭不一定能发射到太空去，而且得到的政府支持很有限。和互联网不同，太空民营化是需要政府去支持和扶持的，包括一些基础的研究、基础的政策和基础的资金。

What do you think of virtual reality technology? It seems to keep people indoor. Everone spends all their time on the phone. Do you think they can leave Earth one day?

This is a problem indeed. This technology makes people and the whole civilisation increasingly introverted. I can created my own space exploration experience in virtual reality, do anything we want. This is a trend, turning us into an introverted civilisation, rather than an extroverted one that focuses on real exploration.

What will you do to encourage others to go outside?

I noticed a fact recently. Two technologies have changed modern society, one is computers and internet, the other is aerospace. You might not know it, they were invented a mere month apart from each other. You can see the huge difference is between them- computer and the Internet changed our lives drastically and yet aerospace achieved almost nothing. Both industry needs to be stimulated by creativity and innovation. We should learn from the experience of the IT industry, open it to the people and private sector. This is the only way out. You can never rely on empty rhetorics of responsibility and ambition. The peak of aerospace development in the 1960's did not come from curiosity or responsibility, but rather a space race caused by necessity to show power in a clash of political ideology.

What do you think of the western private space exploration? Like Elon Musk's SpaceX?

Regardless of national or private, it is based on economy. No one wants big investment with little outcome. They may all have a special feeling for space, but it's impossible to explore the universe while ignoring economic benefits. So I think a true space age is difficult to launch as long as we remain as an economically driven society.

Do you mean we will get much closer to aerospace?

The market will be a problem, also regulations and policies, when will it be open to the markets? Furthermore, the costs are great and the risks are high. People in the IT or banking industry do not risk their lives but space travelling does. But I think the market can start up soon.

刘慈欣推荐：太空电影片目　这些许多年轻人闻所未闻的老电影，恰是上世纪六七十年代大规模空间探索的预告或总结。

《十月的天空》
(October Sky)

1960年代，生活在美国煤矿矿区里几个男孩子，在家门口发现苏联发射的第一颗人造卫星飞过美国的天空。正因为这一眼，改变了他们一生的生活轨迹：他们都对太空探索产生了兴趣，其中有一个孩子后来成为NASA（美国航空航天局）的工程师。

> 那个矿区和我小时候生活的环境很相似。

《太空先锋》
(The Right Stuff)

第56届奥斯卡金像奖最佳影片提名，展示了美国登月之前，美国航天员的真实生活，里面出现的都是真人。

《隼鸟号——遥远的归来》
(小惑星探査機はやぶさ 遥かなる帰還)

生动呈现了2000年代日本发射小行星探测器的全过程，比如日本的航天工程师们怎样控制这个探测器，怎样解决各种各样的故障，最后成功返回，在澳大利亚降落，也取到了小行星上的样品。

> 它对日本航天界的描述简直生动。比如他们的控制室跟咱们中国的一比，简直太寒酸了。椅子破破烂烂，地板都开裂了，就那么小小的一个控制室。但是日本的航天工程师们在这个控制室里面所完成的，是一个相当创新的项目。

《突破二十五马赫》
(Space Camp)

可以称之为美国版的《飞向人马座》，1980年代末期曾在国内上映过。它虽然是科幻片，但就像《地心引力》一样，里面并没有幻想的技术。一帮中学生参加夏令营，到NASA航天飞机发射基地去参观，有几个调皮的孩子跑到航天飞机上去玩，黑客入侵航天飞机意外启动，他们被发射到太空中去，再想方设法返回到地球。

> 当时在国内上映，我看过两遍，还是很感动的。

13
Be with the Force Forever
与原力同在的骄傲

Coco | 采访、撰文　周赟、夏雨池 | 编辑

我毫不犹豫地接下了撰写《星球大战》专题的工作。爱了《星球大战》那么久，这是我一直等待的机会。
by Coco

距 1977 年第一部《星球大战》初登银幕已经过去近 40 年了。即使不是星战迷，每次听到那首波澜壮阔的主题曲，多少都会有点血脉贲张的激动心情。而对于星战迷来说，星战已经成为生命的一部分。无论是对其精神主旨的严格遵循，还是对衍生出的慈善事业的热衷，甚至对道具从制作到最后上身的每一个细节的锱铢必较，他们都无条件地全情投入。

星战迷可能是世界上幸福指数最高的影迷。由于超高的自发性和卢卡斯影业的支持，《星球大战》中几乎每个力量阵营在现实中都有相对应的官方认证的影迷团体。如 501 军团就是电影中帝国部队的地球驻军，每个加入者都要自制一套帝国方的装扮，进而得到唯一的部队编号，成为星战世界中的一员。但我们的幸福感不仅源于归属感，更源于这个爱好带来的改变生活，甚至世界的动力。这里介绍的 3 位星战迷：斯考特·罗克斯利穿着暴风兵的盔甲徒步环绕澳大利亚；洪涛在北京像制造生命一样制造《星球大战》中的 R2-D2 机器人；而中国第一代星战迷，501 军团中国驻防军的现任指挥官张锷则在上海讲述自己与《星球大战》的不解之缘。人们热衷于用分类标签来认识一个人，"星战迷"也算其一。但愿在这里，你能看到标签背后他们真实、可爱的一面，触摸到他们被热情和梦想笼罩的生活。

It has been 40 year since the first Star Wars movie, and fan or not, anyone who hears its epic theme song can't help but feel slightly excited. To those who are hardcore fans, Star Wars has become a part of their life. Introducing 3 Star Wars fanatics: Scott Loxley, who walked around Australia in a stormtrooper outfit; Hong Tao, Beijing based Star Wars fan who built his own life-size R2-D2; and last but not least, Shanghai based Zhang E, commander of 501 Legion Chinese Garrison, a first generation Chinese Star Wars fanatic. He explains that when people are categorised into stereotypes, "Star Wars fan" is a type of its own, but hopes that people can see through the surface and understand the passion and dream behind this "geeky" title.

13-
Storming Australia: A Storm Trooper's Adventure

澳洲风暴：暴风兵斯考特的徒步环澳征途

Coco｜采访、撰文　Scott Loxley、莫纳什儿童医院｜图片提供你也许不能像贝尔·格里尔斯那样站在食物链顶端，但只要穿上《星球大战》中暴风兵的盔甲，照样可以战胜毒蛇。这是一个真实的故事。就在今年一月，我们的太阳系里，一位《星球大战》影迷，斯考特·罗克斯利（Scott Loxley），在徒步环绕澳大利亚大陆时发现了暴风兵盔甲的新用途：抵抗毒蛇攻击。"暴风兵的盔甲不像人们说的那么没用，它救了我的命。"这条新闻使斯考特的名字迅速传遍了世界。不过人们在谈论这条趣闻的时候可能并不知道，斯考特已经身着《星球大战》中暴风兵（准确的说是沙漠暴风兵）的盔甲，历经15个月独自徒步旅行了1万多公里，环绕了大半个澳大利亚大陆。

斯考特，48岁，退役军人，2012年加入501军团，正式成为暴风兵，编号TK-4857。他的"澳洲风暴（Storming Australia）"行动，计划全程身着暴风兵盔甲，围绕澳大利亚大陆徒步一周，全程约1万5千公里。他的目标是筹集到10万澳元，用于建造新的莫纳什儿童医院（Monash Children's Hospital）。斯考特说徒步环澳本是他的夙愿，而加入501军团给他一生筹划的旅行加上了一个更有意义的使命。"作为一位父亲，如果我的孩子需要住院治疗，我希望孩子能得到最好的护理，使用最好的设备。我是国际性非营利组织501军团的成员，我们自发地穿着《星球大战》中的装扮为各种慈善事业筹集资金。作为501军团的一员，我相信我们的努力对慈善事业是很有帮助的。"斯考特这样说明自己

Australian Scott Loxley, 48 years old, retired soldier, joined the 501 legion in 2012 as a stormtrooper, code TK-4857. His "Storming Australia" mission involves walking around the continental Australia in a Stormtrooper armour, total distance 15,000 Kilometers. His goal is to raise 100,000 AUD to build a new Monash Children's Hospital. To Scott, walking around Australia has always been a dream, but joining the 501 Legion gave it another layer of meaning. Along the way, he wore out over 30 pairs of shoes, sleeping around 4 hours a day, not to mention the discomfort of the armour, hoards of insects and snakes, and summer heat of over 50℃. Scott's story soon went viral globally following a story where his stormtrooper outfit saved his life from a toxic snake attack. To Scott, the most unbearable part is the loneliness, but he is fortunate to have his wife's full support, as well as help from strangers and Star Wars fans along the way. He is currently still on the way, and his completion will be around June 2015 when he returns to Melbourne.

的初衷。2013年11月2日,暴风兵斯考特刚与妻子萨丽完婚一个星期,即从墨尔本出发,当地501军团的伙伴们也整装为他送行。当他完成旅行再次回到墨尔本时,将会是2015年的6月左右。

上一次更新视频日志,斯考特已经走了1万多公里路,穿坏了至少30多双鞋,到了布里斯班北部约290公里的赫维湾。虽然稍落后于之前发布的计划,但许多关注者仍然为他的每一点进展感到鼓舞和欣慰。澳大利亚这块大陆似乎特别能激起人们挑战徒步之旅的欲望,事实上斯考特并不是唯一徒步旅行过的暴风兵。2011年,另一位澳大利亚501军团成员,雅各布·弗兰奇(Jacob French)曾为了筹集善款横越澳大利亚,用9个月的时间从珀斯徒步走到悉尼,全程约5千公里,代号"Trooper Trek"。相较而言,斯考特的长征虽非首创,但路程长度和难度都远远超越了他的"战友"。澳大利亚是一块广袤的土地,斯考特围绕大陆的旅行要途径全国的每一个省,包括南部岛屿塔斯马尼亚,一路的风景就像穿越了《星球大战》电影中的几个世界:荒漠就像天行者家族的故乡塔图因,草原就像绝地武士的根据地丹图因,树林就像绿树如茵的纳布……

刚了解这些数据和概况时,斯考特环澳徒步旅行确实令人佩服得五体投地,在人们的想象中,他的路程也一定充满了冒险与乐趣。但实际上,如果你看过他在Facebook上和YouTube上发布的旅行视频,你可能会慢慢发觉,想象中独行的浪漫和各种溢美之词都太过轻率。这位有点羞涩的星战迷先生其实也是普通人,比起赞美,他也许更需要旁人对他项目的理解、鼓励、和支持,还有妻子萨丽满满的爱。可同时,也正是普通人挑战极限的过程,才更感人至深。

几乎在每一段视频中,斯考特开始会介绍这是旅行的第几天,他现在在哪里,路上遇到了哪些人给了他帮助。就算是送了他一瓶可乐,斯考特也不会忘记在视频中表示感谢。不过大部分的日子都没有什么特别的事发生。一路上,他需要不停修理自己的推车和鞋子;因为不能携带过多食物,公路上被撞死的"新鲜"动物,比如袋鼠,经常成为他的蛋白质来源;按照计划,大部分时间他需要晚上赶路,白天间歇休息,平均一天只睡4个小时;更别提夏天的烈日、动辄超过50摄氏度的高温、密密麻麻的蚊虫和极其不舒适的盔甲。但斯考特说,其实这些都不算那么难以忍受,孤独才是最要命的。他本来以为自己是一个能够忍受孤独的人,但上路后他才发现,长时间的独处和自言自语是多么可怕,他很快就厌倦了自己,即使有军队磨练过的意志,也无法应对。有时候斯考特要连续走上好几天才能看到另一个人。不过幸好,他遇到了柯林和朱迪,这对夫妻在旅行的中后程经常开着房车找到斯考特,为他加油打气。

斯考特最思念的妻子和他自己很像。萨丽朴实得可爱,同时也很坚强。如果有人怀疑斯考特能否完成旅程,她会马上出来支持丈夫;在视频中,偶尔出现的萨丽会腼腆的请大家在遇到丈夫的时候给他一瓶可乐;从计划的一开始,萨利就给了斯考特百分之百的支持。至今萨丽一共搭飞机与斯考特会合过两三次,难以想像这对新婚夫妇如何忍受这样长久的分离。在每段视频的结尾,斯考特都会笑着向自己的妻子表白——"Love you,Sal(爱你哟,萨尔)。"好像再累再难,只要想起所爱的人,还是能一次又一次的带走疲劳和痛苦,恢复自己的斗志。

如果没有暴风兵盔甲抵御毒蛇的故事,斯考特可能不会这么出名,但是他也一定会坚持完成"澳洲风暴"的挑战。事实上,斯考特一路上也想过很多次放弃,作为一个普通人,他需要战胜很多东西。第237天的视频中,他身后是一架飞机的残骸,他坐在机翼上,说很想坐上这架飞机回家。然后他似乎被自己这句"蠢话"逗乐了,不停的说道,"太难了,这太难了……"不过,他的笑声,听起来也很像哭声。斯考特一只手遮着脸,摇着头,当他拿开手的时候,看到的还是他平时熟悉的笑容,好像最艰难的时刻就这样过去了,而这只是徒步几百天中的一天而已。斯考特总是激励自己再坚持一下,渐渐的,一切的坏情况,一切的"如果"都被他甩在了身后,成了过去的事情和失败的假设。至今17个月的路程已经超越了很多东西,虽然人们可以给斯考特加上各种史诗般的定语,但是语言与他和他的成就相比,实在软弱无力。神创造的奇迹教人敬仰,但在这个时代,普通人完成了看似不可能的事情,才更能给其他人激励和希望。

如今,经历了短暂的休整后,斯考特继续上路了。加油,501军团的暴风兵,电影里的反角,现实世界里的英雄。

斯考特举起501军团总部颁发的2015年1月最佳士兵奖(Trooper of the Month for January 2015)。"原来是雅各布的,现在归我了!" Scott and his Trooper of the Month trophy for January 2015. "This honour once belonged to Jacob, now its mine!"

斯考特行至珀斯,"路遇"了摆摊卖轮子的雅各布。雅各布于2011年徒步披甲横穿澳大利亚,不过两位徒步勇士见了面,好像一点都不严肃。 In Perth, Scott "met" his fellow trooper Jacob, who was selling wheels to him by the road. Jacob finished Trooper Trek in 2011. These troopers had a great time hanging out.

兄弟们,欢迎来到塔图因。刚得到了命令,谁要来和我一起去找那两个机器人?不不,这辆车只是看起来旧旧的,还能开,真的。Fellow troopers, welcome to Tatooine. I just got the order. Who will volunteer to search those droids with me? No, this vessel might look old, but it will do, for sure.

"布鲁姆艾斯利没有湿背斯（Dewback,电影中的生物），我只能骑帝国骆驼了。"斯考特这样写道。501军团的朋友特别喜欢在各种东西前面加上"帝国"二字。
"With no Dewbacks this side of Broome Eisley, I am forced to ride my Imperial Camel instead." Scott posted on his Facebook. 501st Legion members like to put "imperial" in front of almost everything, take them for the Empire.

这张照片拍摄于澳大利亚北部的海滨，斯考特的环澳路程差不多过半。在这里，他在沙滩上接受了电视台的采访，柯林和朱迪其实也和斯考特在一起。This photo was taken on the north shore of Australia, when Scott finished about half of his journey. He took an interview on the white beach here. Colin and Judy were making company with him then.

墨尔本501军团成员送斯考特启程。征途上，不断有澳洲的星战迷加入进来，给他鼓励并帮助他筹集善款。能利用爱好做慈善，永远是星战迷们的骄傲。501st Legion members of Melbourne saw Scott off. Australia Star Wars fans would join Scott when ever and where ever they can, encouraging him and helped raising money. Doing charity always make Star Wars fans proud.

这个看来有趣的画面对斯考特而言，更多的是离家的惆怅与思念。"我想回家。"斯考特在视频日志中经常这么说，这一天，他因为想家，哭了。The photo seems interesting, but to Scott, it's a really tough day. He mentioned "I want to go home" many times in his video blogs. Today, he cried, because he misses home.

这是斯考特在路上的常态。暴风兵的头盔只有在星战活动或拍摄需要时才戴上。不过人们必须体谅他这一点。头盔带五分钟就会大汗淋漓，何况是在澳洲骄阳下。This is Scott's normal outfit during trooping. He only puts on the helmet during Star Wars events or photo shooting. People should forgive him for not wearing helmet all the time. You would be drenched in sweat in 5 minutes, let alone under the sunshine of Australia.

"女士们,你们好,我是501军团的TK-4857,代表帝国来看望孩子们。请告诉我病房的方位。" "Ladies, this is TK-4857 from 501st Legion. Visiting the children here on behalf of the empire. Please show me the way to the wards."

为了对抗澳洲的烈日、高温,斯考特必须经常给自己降温。In order to survive from the sun and temperature, Scott needs to cool himself often.

戴着达斯·维达面具的医院小熊在旅途中陪伴斯考特。上一只医院小熊丢失后,医院员工在圣诞节又送了斯考特一个新的全员签名版。Dr. Ted E. Bear with Vader mask from Monash Children's Hospital kept Scott company all the way. After losing the last one, the staff from hospital sent him a new signed one for Christmas.

人们扮成超级英雄去医院看望孩子们的新闻并不少见,孩子们也特别喜欢熟悉的影视角色。对于501成员来说,慈善活动不是新闻,而是常态,说是"使命召唤"也不为过。You might have seen news of people dressing like super heroes to visit children's hospitals. Children love these familiar characters. As a member of 501st Legion, charity is more like a duty rather than means to generate news.

澳大利亚的野生动物很多,斯考特一路上光蛇就遇到好多条,这条大概是最无害的。不过,不知道他是否经常想起那条令他蜚声国际的毒蛇。Scott found and met many snakes on his way, and this one might just be the most harmless one. I wonder if he remembers the poison snake that made him internationally viral.

gogo × Scott Loxley

I know that The 501st Legion devotes to charity, especially to children welfare, and you're doing this for raising funds to build a new Monash Children's Hospital. But, I want to know why you have to do it alone? Is this an Imperial military strategy?

Doing it alone was always how I envisioned it. I wanted to do it alone and unaided and know that I had what it took to accomplish it. I feel that when I have finally finished the walk, I can look back and say, I actually did it, and it will really mean something to me.

When did you join The 501st Legion? Why did you choose The 501st Legion instead of The Rebel Legion?

I joined the 501st back in July 2012. For me it's all about the bad guys doing good and we do a lot of good. The Stormtrooper is iconic as is Vader, etc. And no matter where you go, people are drawn to them. The Rebels have their place but for me it's all about the Empire.

Last time I checked, you have worn out 30 pairs of shoes. How about your shoes now?

The shoes haven't changed. I'm still leave shoes lying on the side of the road as I change into new ones which will within weeks suffer the same fate. I have a pair of shoes

gogo× 斯考特·罗克斯利

我们知道501军团一直致力于关爱儿童的慈善事业，你的这次壮举也是为了给莫纳什儿童医院的孩子们建设一家更好的医院，但是为什么要一个人完成呢？这是帝国的军事安排吗？

我曾经一直憧憬着独自旅行。我有技能和条件在没有帮助的前提下独自完成这次挑战。这样，当我成功后，我就可以回顾过去，说句："我真的做到了。"这些对我来说都是意义非凡的。

你是何时加入501军团？为什么选择501军团，而不是义军呢？

我在2012年7月加入了501军团。对于我来说，我喜欢这种"坏人做好事"的感觉，我们也确实做了很多好事。暴风兵和黑武士达斯·维达都是标志性的角色。（打扮成他们）无论你走到哪里，都会成为人群的焦点。义军也有义军特色，但是对我来说，我完全忠于（电影中的）帝国。

你已经在路上过了两个生日、两个圣诞节和两个情人节。这次旅程离不开萨丽的支持，当她知道你的计划时，她是怎么说的？

我的计划已经做了好多年了，只是需要一个机会、一个动力出发。当我终于等到出发的时机，她马上就同意了我的计划，给我开了绿灯，不过对我们而言，分别的时间和距离会很不好受。

你的鞋子现在怎么样？我得到的最新消息是穿坏了30几双，现在还是这个记录吗？

还是老样子，穿坏的鞋子不断被我留在路边，而新的鞋子不久以后也会遭遇相同的命运。我有一双备用鞋，是我用路边捡到的轮胎改造的，我把轮胎切开缝到了鞋底。这双鞋已经坚持了5000公里。我脚上的鞋子如果坏了，又没有替换的，我就穿它们。

在路上，你见到了另一位独行侠，2011年完成Trooper Trek的雅各布·弗兰奇，你们看起来玩的很开心，你们交流过长途跋涉的经验吗？

我和雅各布是很好的朋友。我们聊了不少我们各自"长征"的事情，我的推车还用上了他在Trooper Trek时推车的轮子。不过我们的徒步旅行是不一样的。基于我在部队时的训练和经验，我可以挑战徒步环澳大利亚这样的超长距离。而雅各布是个二十几岁的小伙子，他的旅行是说走就走，并且成功了。我很佩服他。我想，无论什么人，为了慈善目标，把自己置身于那种渺无人烟的公路旁，经受那种极端条件的挑战并放弃文明生活的舒适，都是一段值得书写的传奇。

你的推车远看上去有点像R2-D2，它是自己设计制造的吗？

是我自己做的，但我其实根本不懂该如何设计推车，只是按照我的需要制造而已。它现在还勉强能用。

在第237天，你发现了一架飞机残骸，你在视频中告诉我们这趟旅行真的太难了，但是很快恢复了笑容，这一刻非常令人动容。当你想家的时候，是怎样鼓励自己继续下去的？

有好多次，我都想放弃，真的想放弃，但是我的经历告诉我，无论事情有多困难，或者你感到有多么痛苦，你还是可以继续向前努力一点点，痛苦只是暂时的。当你在与世隔绝的野外，气温高达40多摄氏度，最近的镇子也在300公里以外，如果不继续前进，你就会死在这儿，这个道理是很简单的。

你的路上也有不少朋友，比如朱迪和柯林，我第一次看到他们好像是在79到82天的视频中，你正在澳洲最长的公路路牌下，你们是怎么认识的？

我走到澳大利亚南部的斯特拉萨尔宾（Strathalbyn）的时候，遇到了柯林和朱迪。柯林也是一位退伍军人，所以我们一拍即合。我们从那时开始就成了好朋友。他们时不时的就会开车追上我，跟我打个招呼，并且鼓励我继续前进。

一般来说，你的一天是怎样的？何时睡觉？何时赶路？如何分配时间和体力呢？

这取决于天气和地形。如果气温在摄氏45度以上，我就会在晚上6点到8点睡一觉，醒来后走上一整晚，接着可能在太阳升起来后的4点到6点再睡一觉。之后，我会走一小时，休息一小时。所以我每天基本只睡4小时，这样已经有好久了。可以说长期处于疲劳状态。

当然，促成"澳洲风暴"的原因有很多，但你有没有想过，如果当年没有喜欢上《星球大战》，就不会成为501军团的成员，而这一切也就不会发生了？

我还是会徒步环绕澳大利亚的，但不会作为一名暴风兵，也不会是501军团的一员。我很幸运的找到了501军团，加入军团是促成我实现大计划的催化剂。突然间，我的计划有了意义，我马上抓住了这机会，从此勇往直前。成为501军团的一员是我的骄傲。

你的盔甲还能撑得住吗？这次徒步环澳完成后，你要怎样处理这套"战功赫赫"的盔甲呢？毕竟，它救了你一命。

有很多人向我表示他们想出钱买下这套盔甲，用于展出或者收藏在博物馆里，但是我现在还没想好要怎么办。

这次徒步完成后，作为一名暴风兵，如果还有类似的"使命召唤"，你还会上路吗？或者如果你有了继任者，想要挑战这样不可能的任务，你会对这位暴风兵或绝地武士说什么呢？

如果要徒步环绕一个国家，你一定要预先计划好路线，并且组建一个团队来支持你，独自完成挑战的难度简直是难得不可思议。我在部队的时候，经历过严酷的训练，但是面对这次挑战，我仍然像是毫无准备一般。这是我做过最困难的事情，没有之一，我可不想再来第二次了。你需要反反复复的和自己的思想作斗争。团队合作才是正确的方式。

如想为斯考特的"澳洲风暴"行动募捐或了解更多信息，可前往：斯考特的Facebook主页：Scott Loxley 莫纳什儿童医院专题页面：https://newmonashchildrenshospital.everydayhero.com/au/stormingaroundaustralia

---

which I made out of old car tyres that I found on the side of the road, they have lasted me 5000 km so far. When my normal shoes die I use them.

On your way, you met Jacob French, another lone ranger who finished Troopertrek in 2011, and you guys seemed have a good time. Did you two exchange any long march experiences?

Jacob and I are great friends. We have talked about his trek and mine and I am even using the wheels from his Troopertrek trolley on my cart. We both went about our walks differently. Mine is drawn from my military experiences and training which makes it possible for me to go the distances I have. Jacob was a young twenties-year-old bloke who just went for it and succeeded. I have to respect what he did. Anybody who puts themselves out there for a charity, living on the side of the road in extreme conditions foregoing the luxuries and comforts within society is a legend in my book.

How is your armor holding up? After your epic walking around Australia, do you have any plan for your celebrated snake-proof armor, which saved your life?

I have had a lot of offers from people wanting to buy it, for it to be put on display in a museum but I really don't know yet.

13-2 Hong Tao: My Own R2

洪涛：R2是我的家庭成员

Coco | 采访、撰文　玛鲨苗酱、王子昂 | 摄影

虽然宇航技工机器人R2-D2不像"老搭档"礼仪机器人C-3PO那样通晓600万种语言和社交礼仪，但这个只会讲滴滴嘟嘟的机器人语言的小铁罐，在《星球大战》成百上千的角色里，始终是观众的最爱之一。而世界上真的有一群人在亲手制作一比一还原的R2-D2，他们的组织叫做"R2-D2建造者俱乐部（R2-D2 Builders Club）"。洪涛就是北京的一名R2-D2制造者。

Astromech droid R2-D2 is an all time Star Wars favourite, and there is a group R2-D2 assemblers called "R2-D2 Builders Club". This article focuses on a young Beijing based R2-D2 builder called Hong Tao, who spent 7 years in the tourism industry after graduation and started his own business, his horoscope is Cancer, A-type blood and his previous hobbies include roller blading and paragliding. In 2012, Hong Tao created his own stormtrooper armour and after joining the 501 Legion, he started hand crafting R2. The most important requirement of R2 Builders Club is to hand craft your own robot with strict specifications. Secondly, sharing and team spirit is essential, members will order parts and material in batches and split the costs, as well as share and exchange techniques and experience. When people try to rush Hong Tao to complete his R2, he insists on maintaining his pace, "at the end of the day, I want to hand craft the ideal R2-D2 in my heart".

洪涛和他即将完工的R2-D2机器人。Hong Tao and his almost completed R2-D2 robot

R2-D2 机器人（1:1），洪涛制作 1:1 ratio R2-D2, made by Hong Tao

第一次见到洪涛,是在 2012 年围观 501 军团中国驻防军的年会,那天大家穿着暴风兵的盔甲在雨中跳了一个舞。直到 2014 年的创客嘉年华(Maker Carnival),我才知道他还在制造自己的 R2-D2。大学毕业后,洪涛在北京从事旅游行业 7 年,完成了创业,曾经爱好轮滑,试过去学滑翔伞,巨蟹座,A 型血,喜欢读《红与黑》。他现在住在望京的一个没有电梯的小区,简装的一居室面积不大,布置也非常简单,一进门就看到厨房里挂了一条黑武士围裙。说到为什么租了条件一般的老房子,洪涛说,因为自己经常要制造各种东西,之前的房东有意见,这里好,想怎么折腾都行。

作为星战迷的洪涛,第一次找到组织"501 军团"是通过台湾的一档娱乐节目聊"男人的收藏",洪涛的新世界被打开了——原来电影中的盔甲和装备都可以自己制造。各种造物的念头开始在他心中慢慢成型。2012 年,洪涛制造完自己的暴风兵盔甲,正式加入 501 军团后,就开始了"最痴迷"于《星球大战》的日子,除了继续自己动手做其他角色的道具、盔甲,也正式着手制造 R2 的大工程。

制造 R2 首先要面对海量的资料收集工作。准备工作在洪涛加入 501 军团之前就开始了,即使有现成的蓝图和论坛帮助,收集资料和研究也花去了一年多的时间。查资料和画图纸一般是利用晚上和周末,往往听到窗外鸟叫才发现天已经亮了。洪涛本人的专业和成长背景几乎完全与制造机器人无关,但因为有原力(the force,《星球大战》中的一种神秘力量)驱动,在动手制造 R2 的过程中,他学会了各种新技能,包括 CAD 制图、3D 建模、单片机、模型控制和编程。 洪涛说:"需要什么技术,就去学什么技术,只要能达到目的,不需要精通。"比如 CAD 制图就是通过视频教程学习的。但是也有短时间内没法掌握的技能,比如机器人编程,这时候就要找人帮忙一起做,同时也可以向别人请教。几年下来,洪涛不仅对 R2 机器人的每一个细节都了如指掌,即使是官方授权,理应做的非常标准的 R2 玩具或模型,洪涛都可以一眼看出问题,简直是火眼金睛。

每一个 R2 制造者都不是孤独的。加入了 R2 制造者俱乐部(R2 builder Club),首先是要严格按照标准数据,亲手制造自己的机器人。R2 建造者俱乐部成立于 1999 年,现在大家作为制造依据的图纸事实上已经更新到了第三版。第一版图纸是早期的 R2 制造者们根据电影画面推算出来的,第二版图纸更为精确,是测量电影道具得来的,前两个版本图纸称为 CS:L(Club Spec:Legacy)版本,而现在通用版的图纸是综合了各版电影道具的尺寸得出的最终标准版,称为 CS:R(Club Spec:Revisited)版本。洪涛说,虽然原始的推算版本与后来的标

501 军团的木雕徽章,洪涛制作。501 Legion wooden badge, made by Hong Tao.

准版差异不大，最大的差异可能不足 0.5 厘米，但是基于力求精准的精神，即使别人无法分辨，R2 制造者们还是会重新来过，制造最标准的 R2 机器人。

其次，俱乐部看重的就是分享精神。R2-D2 的每一个零件几乎都不是标准件，这就意味着每一个零件都需要订做。为了相对节约成本，一段时间内同时制造 R2 的制造者们就会互相帮忙，不仅分摊零件的定制费用，还会制造同款多件供大家使用。洪涛制造的 R2 用的是"进口"圆顶和外壳，内部基本国内制造，同时，他们制造的零件也用在了不少国外 R2 制造者的作品中。在国内 R2 制造者中，洪涛和机器人专业的王硕负责增强 R2 的可动性，技术也会共享出去。同时大家还一起创建了中国 R2 制造者论坛，更方便国内的朋友加入组织。

R2 制造者们这种执着于标准和乐于分享的精神也得到了回报。《星球大战 7：原力觉醒》剧组用的就是英国 R2 制造者们制造的机器人，R2 制造者们也加入了剧组，专门负责维护和操作机器人。为什么呢？洪涛告诉我们，因为电影最早的道具里面是有演员操作的，后来陆陆续续更换的道具也各有微妙的差别，加上电影公司本身可能对资料保管比较随意，上一部《星球大战》电影也已是十年前的事情了，渐渐最后只有 R2 制造者们手里才有最精准的 R2 机器人，而且功能和可动性都比之前的电影道具好得多。据这次请 R2 制造者加入，是《星球大战 7》的制片人即卢卡斯影业总裁凯瑟琳·肯尼迪（Kathleen Kennedy）的主意，她在德国的欧洲星战同庆会（Celebration Europe）上发现了 R2 制造者们，继而将他们带进剧组。这样的经历，可以说是 R2 制造者们共同的荣誉。

据说所有人都在问洪涛："做完了吗？快点行不行？"采访时 R2-D2 正站在我们背后，它的样子已经比创客嘉年华时更加完整。洪涛说 R2 就期待着新一部《星球大战》电影上映时和大家见面了。"春节太忙没有顾得上 R2，可是只有好好工作，才能养它"。说完他就摸着 R2 的脑袋爆笑。虽然人们总是被教育要懂得欣赏过程，可大多数人往往还是更看重结果。到头来能真正体会制造过程的个中滋味，可能也只有制造者自己。基于自己的爱好去行动容易，但难在坚持，不同的人有不同的坚持做一件事的原因。回到初衷，洪涛说，就是想亲手制造那个心目中唯一的 R2-D2。

拍摄时，身着白甲的洪涛步履蹒跚。穿甲并不好受，冬冷夏热且行动不便。这是洪涛的第一件暴风兵盔甲，2012 年以套件的形式从美国购回，依据自身身材进行修改、组装，历时半年完成。
Hong Tao in Stormtrooper outfit, its uncomfortable and restricts movement in heat and cold. This is Hong Tao's first stormtrooper armour, bought from America as a set in 2012, and took half a year to custom adjust to size.

洪涛穿着自己新做的黑卫盔甲,手持自制的声光双效光剑。Hong Tao wearing a Darth Vader armour and wielding a lightsaber that he made.

左上起顺时针方向：官方 R2 模型（16：1），洪涛收藏 / 装满与世界各地星战爱好者组织交流换得的布贴、自制贴纸、徽章的储物盒 / 手作工具箱 / 501 军团颁给洪涛的军铭牌 / 洪涛日用的 R2 图案浴巾 Clockwise: Official R2 model (16：1), collected by Hong Tao/ Storage box full of badge, stickers and items exchanged with Star Wars lovers from all over the world/ handicraft toolkit/ Dog tags given to Hong Tao from 501 Legion/Hong Tao's R2-D2 shower towel

gogo× 洪涛

R2 是《星球大战》中你最喜欢的角色吗？为什么会有制造 R2 的想法？

机器人里面，肯定最喜欢 R2。R2 特别可爱，贯穿整个电影系列，是不能缺少的。开始想要建造 R2 是在 2012 年加入 501 军团以后，接触到了更多的同好，也更方便收集资料。因为工作是东南亚旅游方面的，所以在淡季时候想到，是不是有时间捣鼓一下以前想捣鼓的东西。

现在我们国内有多少人在制造 R2？预计什么时候做完呢？成本有没有一个大概的估计？

国内的制造者团队有个名字，叫做 R2-CN Builders Club（中国 R2 制造者俱乐部），算是 R2 制造者俱乐部的一个分支，遍布世界各地都有。我们国内现在有我、DZ、饼干、法国人老皮、Jabba 和一个深圳的哥们儿。我的这一个争取在今年第七部电影上映前做好，因为去年迪斯尼来中国宣传《星球大战》的时候我们没赶上提供 R2 机器人，片方还是从菲律宾借来了一个美国人做的。关于成本，目前记得上数的差不多花了 4 万人民币，小零件很多没有算进去。因为 R2 的所有零件几乎都是非标准件，每一个都要特别定做，尺寸不对的话还要重新做，所以陆续投入的成本是很难计算的。不过制造的重点不是做完，标准才是第一。

据说圆顶是外型最难做的部分？你的 R2 机器人圆顶是怎么做的呢？

对，圆顶的确是最难做的。如果记得没错，原始的电影道具圆顶是用鱼缸改造的，所以除非能找到四十年前的那个鱼缸，这个圆顶只能自己定做。因为在国内只需要做五个，单独开模价格太高，所以是在 R2 建造者俱乐部集合了 100 个订单，大家一起定做，在美国生产的。其实就是两个宜家的大菜盆，回来再做出上面的洞和细节。

为什么选择了全金属制造 R2 呢？鉴于这种材料价格比较高。

一开始我自己想造 R2 的时候，想用木头，因为这样可操作性强一些，买个切割机慢慢弄就行。在动工之前我还用纸搭过一个简易的架子。后来大家一起讨论的时候，不知怎么的，就都决定做金属的了。无论用哪种材质，按照标准来做的话，所用的工艺和时间，还有成本其实都是差不多的。我们几个人总说，生命恒久远，我们造的 R2 是要一代一代传下去的。

我知道有一个专门负责为 R2 编程的队友，之前看外国人做的 R2 好像都需要遥控，你现在制作的 R2 有没有什么特别之处呢？有没有可能制造预先编程，可以"自主"行动的 R2？

对，我们一开始做 R2 都偏重外形，但是后来我们想，既然外壳做得这么漂亮，可动性和智能方面是不是能做的更好。后来我们找到了王硕，他的大学专业就是制造机器人。我们现在的目标是用中控机控制，类似扫地机器人，但是技术更高。我们用了激光雷达扫描成像技术，已经测试成功，还没有装到机器人上。以后把 R2 放到一个房间内，它会通过头部的雷达扫描出房间的影像，并且根据这个影像导航，这是我们的 R2 的亮点。不过我们也利用了前人的共享资源，可以更注重技术的融合。我们还在开发手机控制，这样信息的传递，包括画面会更有效率。

小时候有没有类似的制造东西或者组装机械的经历呢？

印象最深的是，小学时候趁家里人没在，我把我们家电视拆了。我妈回来看见电视拆了，电还没拔，就把我暴打了一顿。然后他们就找人修电视，但是修理工来之前，我就又把电视装好了。这就是我之前做过最接近制造机器人的事情（笑）。

R2 是你们的宝物，制造好之后会不会带着它参加星战影迷活动？因为现场总有很多孩子，会不会担心弄坏它？

参加活动还是会去的，做得这么好还是想得瑟一下的。小朋友方面，还好我们做了全金属的（笑），就有保障了。

有没有人说过你是技术宅？对这样的标签有什么想法吗？

洪涛家门上贴着醒目的 501 军团中国驻防军的贴纸。他说是怕有个朋友找错门，贴上去做指引标志，这个标志也同样指引 gogo 找到了他的家。(photo by 王子昂)

洪涛家的客厅同时也是他的工作室,在这个不足 10 平方米的空间里,洪涛制造出了自己的 R2 机器人。(photo by 王子昂)

技术宅,听过很多。但是最近"死老宅"听得更多(笑)。说实话,一般人看这个过程是很枯燥的,因为大家都喜欢成品。但自己喜欢,多数时间觉得是一种享受。这几年一直在研究、动手、修改,有时候难免觉得需要调剂,这时候我就开始做一些别的,缓解一下。

有没有觉得这是一个赋予作品生命的过程?而不仅仅是一个作品。

我花了这么长的时间,这么多心血,又那么喜欢它,就算它没有电影里的那种智能,就算它不动,我也觉得它是有生命的。

能不能用三个词来形容一下 R2?

……嗯,这个还真没有想过。第一个就是聪明,第二个是调皮,第三就是很会帮主人保守秘密,很忠诚。(笑)

相当一部分人在得知有人在制作 R2 后,第一反应是会不会出售,会不会量产。有没有考虑过这种可能?

我们组织的初衷就是通过自己动手制作自己心目中的 R2,不是说用钱买一个 R2 而已。如果不是亲手制作,无论是否得到官方授权,材质多好,我们 R2 制造者俱乐部也不会认可它。自己动手制造,哪怕不是那么标准,也是倾注了自己的努力。说到出售,现在已经有人出价了,但是制作 R2 倾注了 4、5 年的努力,只有这么一件,突然有一个人说"我有钱,我要把它拿走",这是让人很难接受的。我们制造 R2 本来就不是奔着商品去的,我们 R2 制造者绝不鼓励去买完整的机器人。当然官方授权的玩具和模型除外,那些是商品,我们是在制造自己的 R2,不能称为商品的,甚至算是家庭的一个成员,不会卖的。

gogo × Hong Tao

Do you like R2 best in all the characters? And why do you want to create an R2 your own?

Out of the robots, R2 is definitely the favourite. R2's cuteness is consistent throughout the movies series. I first wanted to build R2 in 2012 after joining 501 Legion and meeting people with similar interest, its also easier to get information. My job is mostly related to South East Asian tourism, so during off-season I have more time to develop person interests.

How many people are building R2s in China? When will you complete it? And do you have an estimated cost?

China has a R2-CN Builders Club, which is a branch of the organisation, located all over the world. It consists of me, DZ, Biscuit, Frenchie Pierre, Jabba, and a guy from Shenzhen. We hope to complete the R2 before the 7th movie comes out, because we didn't manage to finish last year when Disney came to China to promote Star Wars, so they had to borrow one from Philippines, assembled by an American. Regarding costs, it comes to around 40,000RMB, not counting the small parts. As all the parts to make R2 are standardised, each part needs to be custom made, and if the size is off, you need to start again. Due to this its quite hard to calculate exactly the cost, but the emphasis is on the accuracy and process, not necessarily completion.

Apparently the dome top is the hardest part to make? How did you do your R2 dome top?

Yes, the dome is the hardest. If I remember rightly, the original R2 dome for the movie was a modified fish bowl, so unless we can find that fish bowl, we gotta get our own. As China only needs to make 5, the cost to produce our own is too high, so when the global club gathers 100 orders, we get them in batch from America. Its essentially big bowls from Ikea, and we add the details on top.

We know there is a team member responsible for programming the R2, we have seen some remote controlled ones, is there anything different in how you do it? Is it possible to program an automatic R2?

Yes, initially we focused on the exterior, but then thought, since it already looks so pretty, might as well improve its functionality. So we found Wang Shuo, whose college major was robotics. We are aiming to have a built in control, kind of like those vacuum robots, but more advanced. We used laser radar optic scanning technology, which passed trials but we have yet to install it. When you put our R2 into a room it will manoeuvre according to data it receives from the laser optics, this is our highlight. We did benefit from experiences that others shared, and integrated those technologies. We are also incorporating a remote control, for better execution and image delivery.

When people know about making R2, they would wonder can this be sold or mass produced. Have you considered this?

The purpose of our organisation is to hand craft our own R2, not just one that can be bought with money. If its not self made, regardless of authenticity or material, the R2 builders club will not acknowledge it. When you make your own, even if its not perfect, the effort has been made. Regarding selling, people have already made offers, but the production take 4-5 years of dedication, there is just one piece, so its hard to accept when someone shows up and say "hey I got money, I want it". We build R2 not as a "merchandise", so we don't encourage people to buy a completed robot. Obviously there are commercial models, but the ones we build from scratch are not a "product", more like a family member, its not for sale.

洪涛微博: @ 红日与黑夜   R2 Builders Club: http://r2-cn.com/ (中国)   http://astromech.net/ (全球)

3-3 DZ: the First Generation of Star War Fans in China

DZ：501军团中国驻防军指挥官

Coco | 采访、撰文　金子彦 | 摄影

《星球大战》影迷可以选择做"好人"加入义军联盟（Rebel Legion），或选择做"坏人"加入501军团（501st Legion），成为官方盖戳的影迷。而影迷军团不仅要和大家分享《星球大战》的乐趣，还要用实际行动支持慈善，尤其是儿童福利事业。因着这份热情，你可以改变世界。如果你也想成为一名光荣的帝国暴风兵，不如先来认识一下我们中国驻防军的现任指挥官。

Zhang E, Shanghainese, first generation Chinese Star Wars fan, possesses a garage full of Star Wars collectibles, has 17-18 sets of self-made costumes and armours. 3 of his favourites are versions of Boba Fett's armour from Return of the Jedi and Empire Strikes Back, and the armour Boba's "father", Jango. In 2012, Zhang E was elected as the commander of 501st Legion Chinese Garrison, people call him DZ (DarthZ), or simply as "boss". He humbly says that being elected is due to everyone's support, and power is given by others, the point of 501 is that people can have fun together as a unified group. Aside from having fun, another highlight of 501 is being able to turn hobby into doing good: using actions to support charity, especially children benefits. Besides Star Wars, he got into archery last year, and participated in tournaments, winning a FITA black badge in Bangkok last year.

501中国驻防军指挥官DZ在自家车库里,他将车库改成了存放收藏品的仓库。
DZ, the commander of China's garrison, is in his own garage. He turned it into a storage for collections.

张锷,生于1969年,上海人,中国第一代星战迷,501中国驻防军的第二任指挥官。军团里大家习惯称他为DZ（DarthZ）或者老大。

2010年7月,501中国军团的首次年度活动在八达岭长城举办,当时几乎全国的501成员都带着自己的盔甲来了。DZ那天穿的是波巴·费特（Boba Fett）的盔甲,一看行头就是资深迷友。第二回见到DZ是2012年在北京798举办的501年度活动,DZ的扮相是帝国军官。直到2015年新年第三次见面,我才敢跟这位501军团中国区指挥官说话。打完招呼后,DZ第一句话就是,"北京的包子比上海的好吃!"完全出离我对指挥官的威严想象。DZ接触《星球大战》是在9岁,通过一本根据电影改编的星战连环画。1980年代,DZ第一次看到了电影,直至2008年加入了501军团。DZ第一次穿上暴风兵盔甲是2010年,在上一任指挥官富贵（昵称）的婚礼上。为了整装参加中国第一次星战主题婚礼,他们用了十六七个小时赶制盔甲,一夜没睡。"一直喜欢一个东西,生活就变得充实了。加入501以后感觉除了充实,又多了意义,所以对我来讲,加入501

军团是改变我生活的一件事。501 的朋友都特别真,一下子多出很多好朋友,这在成年后真心不多。"

2012 年,由大家投票选举,DZ 成为中国 501 军团的指挥官。谈到这里他也只是谦虚地说,获选是大家抬举,权力是大家给的,其实 501 主要是大家一起玩的团体。不过,除了一起玩,501 军团最棒的一点就是利用爱好"做好事",平时 501 军团的义卖和参加商业活动的收入都会捐给儿童福利机构等慈善机构,并设有专门的慈善官,专门负责和慈善团体的联络和捐助事务。DZ 说有次军团捐了一笔钱给一个小学,和"爱共线"商量后最终决定给孩子们建一个音乐教室。虽然那儿的老师只会拉手风琴,孩子们也没有音乐基础,但音乐是一种美的、共通的语言,始终是有好处的。之后他们再去拜访的时候,孩子们竟然已经会弹奏简单的曲子了。那是他们第一次直接感受到自己的行动改变了孩子们的生活。对很多星战迷来说,《星球大战》是一部带来梦想的电影,这一点对 DZ 也不例外。我问他有没有想过没有《星球大战》的人生呢?他说可能会有另一部能与自己产生共鸣的电影,这就好像结婚,在恰好的时间,遇到了恰好的人。不过《星球大战》还是最符合他的向往,"这是一部关于飞的电影,特别是心的飞翔,自由、广阔、无拘无束。特别向往开着千年隼去一趟塔图因(《星球大战》主角的故乡星球)"。

身穿红卫装备的 DZ。DZ in the red guard outfit.

DZ 收藏的《星球大战》周边。DZ's collections of Star Wars.

DZ 收藏的《星球大战》周边。DZ's collections of Star Wars.

gogo×DZ

可以告诉我你的年龄吗？你是什么时候成为星战迷的，可以称为中国第一代星战迷吗？

我是 1969 年 12 月出生，算是中国第一代星战迷吧。记得第一次接触星球大战是 9 岁，看了一本连环画，画的是《星球大战 4：新希望》，画的特别好。可惜搬家的时候丢了。不过我想，现在即使买到一模一样的，感觉也不一样了。第一次看电影是 80 年代，看了录像带的《星球大战 5：帝国反击战》。那时候录像带也是奢侈品，因为爸爸有点关系才看到的，特别幸运。那时候没有别的朋友一起看的，只有我自己。

可以聊聊你的经历吗？

我在航空公司工作，大学学的是外语，所以能更多的接触到星战，我们还是很小众的。我 5 岁就开始学英语了，在 70 年代是不是很异类啊？因为我妈妈的徒弟是学英语的，我觉得很好听，就开始学了。我觉得很幸运，学了自己喜欢的东西，现在在各大星战论坛上都很舒服，基本交流无障碍。

501 军团在电影里其实是反派角色，为什么要当坏蛋呢？

因为 501 就是电影里面所有歹角的扮装组织啊！（笑）但我们做的是好事。其实也有好人的组织的，叫"义军联盟"，他们是好人做好事。

目前为止 501 军团中国部队参加慈善活动的频率是怎样的？501 军团会参加商业活动吗？

一般一两个月会有一次活动，主要是在北京和上海，在不影响工作的前提下，大家也挺忙的。上海合作的慈善组织是"宝贝之家"，主要是照顾弃婴，我们帮助的主要形式是捐钱捐物吧。另一个叫"爱共线"，主要帮助山区的孩子和老师。我们会资助他们培训老师，或者建图书室或音乐教室。在北京有一个"希望之家"，也是关照弃婴的。我们人也不多，主要还是关注孩子们，毕竟他们是我们未来的希望。我们合作的都是 NGO 组织，他们都很纯的，我们捐助他们也很放心资金的用途。我们可以参加商业活动的，比如一个商业活动想整点新鲜的，和星战有关的，又想奉献一点爱心，请我们去我们都可以的，给我们的报酬就请商家直接捐助给我们合作的慈善组织。其实我们就是 Coser 团队，只不过我们的收入，除了必要的交通费，都是捐出去的。

你的孩子现在多大了？希望他能继承对星球大战的喜爱吗？

他现在五岁。他没有选择啊，他所有玩具都是星战的，他不玩这个就没有其他东西玩了。这样好像是自私了一点，但是没办法，我不喜欢其他东西呀。他很小的时候，大概三岁就开始看电影了，那时候故事还看不太懂，但是名字和好人坏人都知道。还有一件事，他大概两个月的时候，一天晚上，不睡觉，一直不睡，我就给他哼《帝国进行曲》，他就睡着了。

其实你个人装扮星战的角色不只是暴风兵，还有波巴·费特，义军方面你是 X-Wing 飞行员，这些服装和道具都是自己制作的吗？从什么时候开始自己动手制作呢？

不止，粗算我做的服装和盔甲已经有十七八套了吧。基本都是自己动手做的，其实也可以称为组装。但是涂色、做旧还有安装都要自己来，比如波巴这套，做了两年才完成。本来只做了《星球大战 6：绝地归来》里面那套，后来发现多出来的东西可以做一套《星球大战 5：帝国反击战》里面的，就做了两套。后来又把波巴的爸爸詹戈的盔甲也做出来了。这是我最喜欢的 3 套。

501 中国驻防军每年都会组织成员聚会，有没有什么难忘的经历或感触？

我参加过三场星战婚礼，北京、上海还有南宁三次。婚礼特别温馨，老婆特别体谅老公。星战主题曲一响，特别感人。有一个环节是让老婆猜三个白兵（暴风兵）中哪一

DZ 收藏的《星球大战》周边。DZ's collections of Star Wars.

参加欧洲星战同庆会时的证件和《星球大战》中莉亚公主颁发的徽章挂在一起,这些是指挥官的荣誉勋章。Hanging together are the credential of European Star Wars Celebration and the badge from Princess Leia. They are commander's medals of honor.

gogo × DZ

Can you tell me your age? When did you become a Star Wars fan?
I was born in December 1969, I guess I'm one of the earliest Chinese Star Wars fans. I was 9 when I had my first contact with Star Wars, a comic of "Star Wars: A New Hope", it was well illustrated, but I lost it when we moved houses. I think if I bought the same comic, the feeling would be different. The first time I watched a movie was in the 80's, a video tape of "Star Wars: Empire Strikes Back". Video tapes were a luxury then, I was lucky because my dad had connections. I watched it alone.

Whats the frequency of charity events that 501st Legion Chinese Garrison attend? Does the 501 Legion participate in commercial activities?
Normally we have an event every month or two, mainly in Beijing and Shanghai, as long as it doesn't interfere with people's work, we're all quite busy. The charity we work with in Shanghai is Babyhome, taking care of abandoned babies, we mainly donate money and items. Another one is called Share4love, aiding children and teachers in rural mountains, we sponsor them and train teachers, or build libraries and music studio for them. In Beijing we support "Foster home", another orphanage. We don't have many members, and we focus on children, as they are the hopes for our future. The organisations we work with are NGOs, they are pure and we trust them with the funds we raise. We do participate in commercial events sometimes, if its interesting, related to Star Wars and meaningful, the proceeds we make goes directly to charity. We're essentially a cosplay group, except we donate what we make besides essential travel expenses.

501st Legion Chinese Garrison has annual gatherings, any memorable experiences?
I've been to 3 Star Wars weddings in Beijing, Shanghai and Nanning. The weddings were so sweet, the wives really showed understanding to the husbands. When the Star Wars theme tune comes on, it's SO touching. There was a game where the wife had to guess which one is her husband out of 3 stormtroopers, I was so worried she would guess wrong! Luckily she didn't, thank god. Every April/May, "Share4love" asks us to help out in a drawing exhibition by kids from the mountains, the drawings are simple and pure, and it's amazing when people buy them. We help out with promotion, giving out pamphlets and we get our own kids to join, it feels awesome! The great wall climb event of 2010 was most memorable; it was picked as top-10 501st Legion event of the year. Each of us carried 15-20kg of equipment and climbed the great wall for over 2 hours before arriving to event location. It was joy and pain at the same time…

Having been a fan for so long, you must have quite a collection, do you remember your first item, or others that you're particularly proud of?
The first item was that comic, but I can't find it. Now the most meaningful item is a Star Wars poster signed by Lucasfilm chairman Catherine. We were her "guards" when she came to Beijing, we presented her with a poster signed by members of 501 Legion China, she asked us for a digital copy, printed it out and sent back a signed copy. This precious poster is now in my home, a good example of fan organisation interaction.

How old is your son? Do you want him to inherit your love for Star Wars?
Hes 5 now, and doesn't really have a choice because all his toys are Star Wars, so if he doesn't play with them he's got nothing else to play with. It seems a bit selfish of me, but I can't help it! I don't like anything else. He started watching the movies when he was 3, he didn't really understand, but he remembers names, and at least figured out the good guys and bad guys. Also, when he was 2 months old, he struggled to sleep one night, but fell asleep when I hummed "The Imperial March" to him.

If you can enter a Star Wars movie, which scene would you be in, doing what, or become who?
I wish to be like Luke when he flew a small plane and blew up the Death star, be "Mr. Clutch" and win the respect of my peers.

DZ 微博：@DarthZ　关注中国 501 驻防军：微博 @501 军团中国驻防军　网站 501stchina.com　论坛 cn501st.com/bbs

4
The Genealogy of Space Opera
太空科幻电影谱系

小M | 撰文　周赞 | 编辑

1902~1904

太空旅行

《月球旅行记》Le voyage dans la lune / Georges Méliès /1902 ●第一部科幻电影、第一部出现外星人的电影、第一部太空旅行电影/First science fiction movie、First alien movie、First space travel movie ●乔治·梅里埃，这位曾经的魔术师在观看了影史上第一部电影《火车进站》之后便无法自拔地爱上了这项最新的艺术，不顾一切地变卖了自己的所有资产，投入昂贵的电影拍摄中。这部《月球旅行记》是他最有名、最广为流传的作品。令人唏嘘的是，由于保存不当和接连不断的战争，这部电影的原始拷贝一度被认为无法修复。但经过专业人员12年的努力，2011年这部电影终于重现在全世界的影迷面前。梅里埃的另一部《奇幻航程》和《月球旅行记》有着差不多的剧情架构，但整体的布景水平有很大改进，前往的地点也从月球变成了太阳。

《奇幻航程》Le voyage à travers l'impossible / Georges Méliès /1904

外星人

电影的本质是Bigger than life，是造梦机器。而太空科幻电影，可能就是最接近电影本质的电影类型了。从1902年的《月球旅行记》到2014年大热的《星际穿越》，100多年间，科幻电影经历了无数的突破与发展：从黑白到彩色、从2D到3D、从实景特效到电脑CG。在2012年上映的《雨果》中，老马丁对影史第一部科幻电影《月球旅行记》及其导演梅里爱的致敬，让无数影人唏嘘不已，泪流满面。可以说，科幻电影的发展史就是人类对于无边宇宙的幻想史。

1902~1904

1950s

3D电影

《宇宙访客》It Came From Outer Space / Jack Arnold /1953 ●第一部3D科幻电影/First 3D science fiction movie ●史上第一部以3D方式呈现的科幻电影。斯皮尔伯格说，若不是看过儿时看过《宇宙访客》，他就不可能拍出《第三类接触》。

《禁忌星球》Forbidden Planet / Fred McLeod Wilcox /1956 ●机器人帮手/Robot assistant ●本片是50年代最伟大的科幻电影之一，本片中设置的机器人帮手形象，影响了之后众多科幻电影。《星球大战》《月球》《星际穿越》等都有相似的设定。

恐怖

《怪人》The Thing From Another World / Christian Nyby, Howard Hawks / 1951 ●科幻恐怖始祖 / Ancestor of science fiction horror ●可能是科幻恐怖片的始祖级作品，片中植物型外星人残忍杀害人类并将串成一串的场景现在看来也是十分骇人。1982年那部著名的《怪形》就是翻拍自本片。

《地球停转之日》The Day the Earth Stood Still / Robert Wise /1950 ●政治隐喻，冷战背景 /Political metaphor, Cold War ●拍摄于冷战时期。无论是影片中官僚气息浓重的美国政府，还是面对地球毁灭这样的危机都不愿意在同一个屋子里面商讨对策的各国首脑，都对当时冷战背景下的政治形态进行了一番冷嘲热讽。前来拯救地球的"外星人"无奈之下只能伪装成人类潜入社会来曲线救国。而"外星人"口中的由机器人维护星系和平的世界，更像是一个美好的梦，直到现在也没有实现。

政治隐喻

1950s

1960s

《2001太空漫游》2001: A Space Odyssey / Stanley Kubrick /1968 ●科幻电影NO.1，晦涩难懂 / NO.1 Science fiction movie, Obscure ●科幻电影的"圣经"。库布里克向我们展示了一个种族的进化和一个生命的轮回。黑色的石碑、从骨棒到太空飞船的蒙太奇、古典配乐都成为了日后众多影迷与从业者津津乐道的经典片段，并被不断引用、致敬。《2001》的叙事十分晦涩，从开头8分钟的黑屏到最后长达15分钟的穿越黑洞，库布里克似乎就没有为观众着想，一心想拍出一部够"硬派"的科幻片。

《宇宙终点之旅》Ikarie XB 1/Jindrich Polak/1963

《恶魔星球》Terrore nello spazio / Mario Bava/ 1965

《人猿星球》Planet of the Apes / Franklin J. Schaffner /1968 ●人猿统治的星球，政治讽刺 / A planet ruled by apes, Political satire ●三名未来宇航员发现自己降落到了一个由智能人猿统治的星球，人类则变成了野生的低智商动物。在没有动作捕捉技术的上世纪60年代，人猿只能由演员带上厚重的头套来扮演。这部电影通过对人猿社会的描写，对当时的政治形态与社会进行了辛辣的讽刺。之后几年，其4部续集接连上映。

1960s

1970s

《星球大战》Star Wars / George Lucas /1977 ●史诗系列 /Epic Movie ●乔治卢卡斯所缔造的"星战帝国"开启了科幻大片的时代。

史诗系列

《星际旅行1: 无限太空》Star Trek: The Motion Picture / Robert Wise /1979 ●史诗系列 /Epic Movie ●《星球大战》上映两年后,《星际旅行》这个1966年就开始播出的经典科幻电视剧终于被搬上了大银幕。截至现在,《星际旅行》系列一共有六代电视剧（726集）和十二部电影, 是体系最庞大的科幻系列作品。

《飞向太空》Solaris / Andrei Tarkovsky /1972 ●大师跨界, 哲学思想 /Master of cross-border, Philosophy ●善于拍摄哲学性艺术电影的安德烈塔可夫斯基跨界的科幻电影, 当然不会丢失自己的风采。片中全无特效、科学家的术语等科幻片常见的类型化元素没有出现。他把这部作品变成了科幻故事背景下探索复杂哲学问题的平台。

《潜行者》Stalker/ Andrei Tarkovsky/1979

友好外星人

《第三类接触》Close Encounters of the Third Kind / Steven Spielberg /1977 ●友好的外星人 / Friendly Alien ●电影中对外星生物的幻想及探讨——外星人并非都是穷凶极恶以占领地球为目的的生物, 对之后的电影也有着极大的影响。法国新浪潮运动的领军人物特吕弗在这部电影中也出演了一个小角色。

英雄硬汉

《超人》Superman / Richard Donner /1978 ●漫画英雄电影, 维护地球和平的外星人 /Comic book hero movie, Champion of truth and justice by Aliens ●虽然在1951年的《超人大战鼹鼠人》中超人的形象就出现了, 但由于制作水平和剧本问题一直鲜为人知。直到1978年, 20世纪福斯公司将超人形象重新搬上大银幕, 在当年也被引进了中国大陆,《超人》的意义在于, 他作为一个外星人（氪星）, 却担当起了维护地球和平的使命。这部电影不仅开启了《超人》这个电影系列的篇章, 也开创了漫画改编科幻电影的先河。

《异形1》Alien/ Ridley Scott/1979 ●科幻恐怖片, 性暗示, 女英雄 / Sci-fi Horror, Sexual implication, Heroine ●"在外太空, 没人能听到你的尖叫。"这是当年《异形》上映海报上的文案。异形的形象融合了工业化与性暗示。与之前男人主导的科幻片不同, 塑造了雷普利这个女英雄的形象, 并成为电影史上的经典角色。

《原始星球》La planète sauvage / René Laloux /1973 ●手绘动画, 人类进化史 / Hand-painted animation, The history of human evolution ●上世纪70年代硬科幻动画电影的代表, 讲述人类被星球上更高级的"戴格斯人"驯养、奴役、甚至屠杀, 而人类在学到了"戴格斯人"先进的科学文化知识后开始反抗。这部电影表面上是一个虚构的科幻故事, 内核却更像是一部改写的人类进化史。

附录·冷门科幻片观影指南
●除了上文提及的主流太空科幻电影, 太空科幻电影史上还有另一道奇葩风景……

1. 《火星之旅》A Trip to Mars /1918
电影史上最不具对抗性的一次火星人与地球人的会面。

2. 《火星女王艾莉塔》Aelita/1924
这部诞生于默片时代的苏联电影, 第一次将政治隐喻情节植入到了科幻电影中。

3. 《月里嫦娥》Woman in the Moon/1929
实实在在的硬科幻, 甚至一定程度上影响了当时的航空学发展。

4. 《科幻双故事》Things to Come/1936
本片的传奇之处在于那庞大的长度, 它预言了下个世纪的人类发展走向, 甚至准确预言了第二次世界大战。

5. 《当世界毁灭时》When Worlds Collide/1951
怪异又残酷的百万富翁庞德尼决定出资兴建一座巨大的宇宙飞船, 运载人类逃离即将毁灭的地球。

6. 《火星入侵者》Invaders from Mars/1953
这片影片中共产主义者被渲染成极端的异类, 长着两个"大眼泡子"的火星人也是影片的亮点所在。

7. 《世界之战》The War of the Worlds/1953
这是2005年那部饱受争议的《世界之战》的原版, 都改编自著名科幻小说。微纪录片的拍摄方式也让此片获得了当年的奥斯卡最佳效果奖。

8. 《天外魔花》Invasion of the Body Snatchers/1956
外星魔花入侵, 会在亲密的家庭成员之间相互感染。

9. 《宇宙人在东京出现》Warning from Space/1956
经典的日本特摄科幻电影。

10. 《两傻大闹太空》Riots in Outer Space/1959
这部罕见的国语科幻电影, 拍摄于登月前。虽然制作粗糙, 但其前瞻性还是让人十分佩服。

11. 《鲁滨逊太空历险》Robinson Crusoe on Mars/1964
一部"太空版"的鲁滨逊漂流记。

12. 《华氏451度》Fahrenheit 451/1966
法国新浪潮大师弗朗索瓦·特吕弗首次涉足科幻电影, 一个个负面乌托邦的设定: 禁止书的出现。

13. 《火星人袭击地球》Quatermass and the Pit/1967
本片的外星人是一群地铁工人在挖掘过程中发现的。

14. 《宇宙静悄悄》Silent Running/1972
著名特效大师道格拉斯·特鲁姆布的导演处女作。

15. 《第五屠宰场》Slaughterhouse-Five/1972
将结构松散的小说《第五屠宰场》改编成电影绝对是一件极有胆量的事。

16. 《黑星球》Dark Star/1974
外星人长得像皮球, 宇航员更是冲浪好手, 这也讲是史上最风趣的科幻电影。

17. 《中国超人》The Super Inframan/1975
绝对是一部从片名到内容都让人雷到外焦里嫩的科幻电影, 但不可否认的是特效和打斗场面还是非常具有娱乐性的。

18. 《天降财神》The Man Who Fell to Earth/1976
本片首次提出了"外星人就在我们身边"这一概念, 那种"不靠谱台"的叙事风格和未来主义的特效也十分具有前瞻性。

19. 《关公大战外星人》God of War/1976
这部Cult味儿十足的台湾特摄电影拷贝一度失传, 导演彭洪耗费千万得以修复。

20. 《飞侠哥顿》Flash Gordon/1980
足球运动员的太空历险……

21. 《异星兄弟》The Brother From Another Planet/1984
这部低成本制作预算只有40万美元, 片中星空的效果都是用硬纸板和大头针做成的, 里面的外星人是黑人。

22. 《沙丘》Dune/1984
著名"意识流导演"大卫·林奇的作品。

23. 《外星恋》Starman/1984
著名的科幻恐怖片大师约翰·卡朋特的转型之作, 不再刻画那些令人作呕的外星变异生物, 反而关注上了人与外星人的真挚爱情。

24. 《最后的星空战士》The Last Starfighter/1984
讲述了我们每个人小时候都会做的梦——电玩带主角进入太空, 与外星人殊死搏斗。

25. 《第五惑星》Enemy Mine/1985
外星人是雌雄同体的高级物种, 并与地球人结下了深厚的友谊。

26. 《外星奇遇》Kin-dza-dza!/1986
外星人为沙漠里的流浪汉, 发生了一系列令人啼笑皆非的事。

15 Fantastic Pulp Sci-fi Magazine Covers

木浆纸科幻的视觉传奇

苗酱 | 撰文　周赟 | 编辑

荒蛮的异域星球、狰狞的外星生物、艳丽的色彩、蒸汽朋克感的科技装备，还有大胸女主角……对于一幅杂志封面，你还能期待更多吗？当科幻电影没有像样的特效，还停留在模型和人偶的阶段，许多插画艺术家已在廉价科幻杂志（pulp sci-fi magazines）的封面上铺开了充满未来感的视觉创作。

The harsh foreign planets, savage alien beings, bright color, steampunk equipments and the heroine with large breasts... Can you expect more from a magazine cover? When sci-fi films used models and props rather than fancy CGI effects, many illustrators began to create all sorts of futuristic images on the covers of Pul Sci-fi Magazines. Pulp is a kind of printing paper. Magazines and novels printed on this kind of paper tend to be cheaper and targets a lower end market. The chief editor would usually choose a sci-fi novella to publish and gave it to the illustrators. The illustrators would combine the concept of the novella, the scenes, the theme, the characters and the style of the magazine together. Many sci-fi publishers adopted this kind of covers and gradually it became a trend. Now this method has vanished. It's unprecedented style without successor did not translate into movies, but it still brings a vintage yet avant-garde visual impact.

文艺爱好者们看到 pulp 这个词，很容易联想起《低俗小说》。实际上，pulp 是木浆纸，用木浆纸印刷出来的杂志和小说售价低廉，面向低端市场，时而有些低俗，却也有蓬勃向上的生命力。这类床头读物文字量巨大，码字者中充斥着医生、工程师、科学家等各行各业爱好科幻、却对写作一窍不通的发烧友，也不乏一批奋发有为的青年作者从中崛起。1939 年，阿瑟·克拉克和伊萨克·阿西莫夫在木浆纸杂志上卖出了自己的第一部短篇小说。

木浆纸杂志的封面，通常由主编选择一篇主推的科幻中篇，交给插画师创作。插画师需要将小说核心概念、场景、主题、人物与杂志风格融为一体，有点像概念稿，还有点像电影场景设计，又有点像 B 级电影海报。那个年代大量的木浆纸科幻出版物（不仅是杂志，还有长篇科幻图书）采用这样的封面，慢慢汇成一股潮流。如今这样的风格已绝迹，它们并没有进化到电影中，也没有鲜明的后继者，所以依然给人一种既复古又前卫的视觉冲击。

哈内斯·博克

博克是生于十九世纪末的美国插画家,没有太多有迹可循的人生记录。那个年代的插画/封面艺术和木浆纸杂志一样随处可见,没有地位,即使是画家本人许多年后跻身画坛名流,也不太愿意提及那段画封面的历史。博克的作品有鲜明的个人烙印,扔在杂志堆里能一眼辨认。首先,他作品中的女人,不同于那些面目模糊的大胸美女,而是些温婉、唯美、古典、性感的角色,有些形似古典绘画时期的女性面貌。博克的另一个显著胜过当时大多数同行的特征,就是他笔下的人物动态极为丰富,姿势更为别致,这方面他显得更加古典。博克对于恐惧的偏好接近于哥特,也带有明显的神话色彩。总之,在美国粗线条的木浆纸杂志市场,博克的作品算得上细腻耐看。

HANNES BOK

Bok was born at the end of the 19th century. As an illustrator, there wasn't many records about his life. His characters are colourful and full of action, with unique postures, making them more classical. Bok preferred the Gothic horror genre and with a dash of mythic touch. Of the Pulp magazine cover circle, Bok's work is considered visually pleasing.

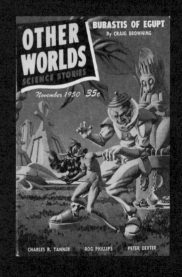

罗恩·图纳

美国木浆纸杂志兴盛于20世纪30年代,有一种说法认为,大萧条的来临导致阅读量激增——越来越多失业者在文学的海洋中忘记现实。同时代的英国人比美国人更艰辛,一场经济衰退前后还有两次毁灭性的世界大战在本土燃烧。英国也有茂盛的木浆纸杂志业,其中的科幻封面更为浓墨重彩。比如插画家图纳,他的作品里经常出现各式各样的几何体太空飞船,其色彩、阴影、透视和工业金属的质感都独树一帜,他笔下的外星生物也同样华丽又夸张。图纳生于1922年,逝于1998年,从小就痴迷科幻,也是第一批美国木浆纸杂志(《Amazing Stories》等)的忠实读者。终其一生,图纳都在做他热爱的工作,后来还出版了自己的科幻漫画和科幻小说。

RON TUNER

There were also an abundance of pulp magazines in the UK and sci-fi covers were a big part of them. In the works of illustrator Ron Tuner, we can see all kinds of spaceship with unique colours, shades, glass and industrial metal textures. His aliens were flamboyant and exaggerated. Tuner loved his job throughout his life. He even published his own sci-fi comics and novels.

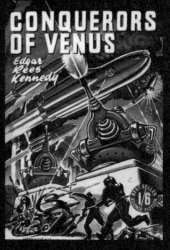

GUILLERMO SANCHEX BOIX
The cover for "EL Mundo Futuro" illustrated by Guillermo Sanchex Boix is the magnum opus of Spanish covers. Comparing with the sci-fi world in the imagination of Bok and Tuner, Boix had a cuter imagination. Even now almost every Spanish sci-fi film is cute. Rarely venturing into horror or Gothic genre. Perhaps it's the emotional effect caused by the radiant sunshine in Spain.

吉列尔莫·桑切斯·博约克斯
20世纪最精致的木浆纸科幻封面画作创作地在哪儿？也许是西班牙。博约克斯为《未来世界》(El Mundo Futuro) 绘制的封面是西班牙人的代表作。他的作品带有工笔画的硬朗和精致，细节丰富，质感饱满，而且情节生动，除了视觉效果，仿佛还展开了一段故事。对比博克和图纳想象中的科幻世界，博约克斯的想象力偏"萌"系。似乎不仅是科幻封面，时至今日的西班牙科幻 / 幻想电影都有偏萌的特征，很少走阴暗恐怖的哥特路线。也许这就是日照充足的精神效果吧。

游荡博卡拉
Wandering in Pokhara

编辑 | 夏雨池

热门地 Attractions

1

费瓦湖 Phewa Lake
●安纳普尔纳雪山倒影 ●泛舟 ●湖边是全城最热闹的商业区 ● Annapurna reflection ● Boating ● Surrounded by shopping centers

2

世界和平塔 World Peace Pagoda
●费瓦湖以南 ●俯瞰费瓦湖和博卡拉城区 ● South of Phewa Lake ● Overlooking at Phewa Lake and Pokhara downtown

3

萨朗科 Sarangkot
●博卡拉西北方 ●观喜马拉雅日出 ●徒步热身热门地 ● Northwest of Pokhara ● Watching the sunrise of Himalaya ● popular hiking place

4

博卡拉老城区 Old Pokhara
●还没完全被旅游业同化 ●保留了更多传统风貌 ●氛围安静很多 ● Haven't completely been exploited by tourism ● Lots of traditional attractions ● quiet atmosphere

有文化 Culture and Art

5

国际登山博物馆 International Mountain Museum
●开馆时间 Opening Hours: 每天 Everyday 9:00 — 17:00 ●门票 Ticket: 400 卢比 Rupees ●网址 Website: www.mountain-museum.org

6

廓尔喀博物馆 Gurkha Memorial Museum
●开馆时间 Opening Hours: 每天 Everyday 8:00 — 16:30 ●门票 Ticket: 200 卢比 Rupees ●网址 Website: www.gurkhamuseum.org.np

找地儿睡 Sleep

7

Hotel Landmark Pokhara
●遗址改造 ●接机服务 ●提供滑翔伞等活动预定服务 ● Transformed from historical site ● Pick-up service ● Reservation service of paragliders ●基础房价 Room Rate: 57 美金 / 晚 USD / night ●电话 Tel: +977-61462908 ●网址 Website: www.landmark-pokhara.com

8

Temple Tree Resort & Spa
●度假村风格 ●有户外泳池 ●看得见安纳普尔纳峰保护区 ● Resort style ● Outdoor swimming pool ● Annapurna in view ●基础房价 Room Rate: 195 美金 / 晚 USD / night ●电话 Tel: +977-61465819 ● Website: www.templetreenepal.com

9

Fish Tail Lodge
●独立小岛上 ●临湖 ●多位名人入住过 ● On isolated island ● Next to the lake ● Celebrities' choice ●基础房价 Room Rate: 148 美金 / 晚 USD / night ●电话 Tel: +977-14230304 ●网址 Website: www.fishtail-lodge.com

好吃好喝 Dining

10

Pokhara Thakali Kitchen
●湖滨区 ●价格相对一般, Daal Bhat 较贵, 但物有所值 ●尼泊尔菜 ●环境不错 ● Lakeside zone ● Good value for money ● Nepal food ● Nice environment ●人均 Avg price: 250-420 卢比 Rupees ●营业时间 Opening Hours: 11:00 — 21:00 ●电话 Tel: +977-61466501

11

Moondance Restaurant
●价位比其他餐厅高出 15% 左右 ●进口食材 ●西餐、泰菜、印度菜 ●环境讲究 ● 15% higher price than other restaurants ● imported ingredients ● western food, Thai food, Indian food ● exquisite environment ●人均 Avg price: 240-1400 卢比 Rupees ●营业时间 Opening Hours: 7:00 — 23:30 ●电话 Tel: +977-61461835 ●网址 Website: moondancepokhara.com

12

Old Blues Bar
●湖滨区第一家 Livehouse ●演出很棒 ●嬉皮文化盛行 ● First Livehouse in the lakeside zone ● Excellent live ● Hippies Culture ●营业时间 Opening Hours: 16:00 — 23:30 ●电话 Tel: +977-61464934

值得买 Shopping

＊当地商店营业时间 Opening hours of local shops : 8:00—20:00

13

Women's Skills Development Organisation
●半公益性质, 旨在帮助当地妇女凭借自己手艺改善生活 ● Partly based on public welfare, aiming to help local women improve their lives by their own skills.

运动不停 Fitness

14

Pristine Mountain Adventure
●徒步相关 ●人均: 提供不同路线向导服务, 需邮件咨询 ● Business: Hiking ● Avg price: Guide service of different routes to be chose, email for reference. ●电话 Tel: +977-61463577 ●网站 Website: pristinetrekking.com

15

Avia Club Nepal
●滑翔伞、滑翔机 ●人均: 滑翔机 70 欧元 /15 分钟, 125 欧元 /30 分钟, 198 欧元 /60 分钟, 290 欧元 /90 分钟; 滑翔伞 8500 卢比 /25 分钟 ● Business: Paragliders, gliders ● Avgprice:Gliders 70 Euro/15 min, 125 Euro/30 min, 198 Euro/60 min, 290 Euro/90 min; ● Paragliders 8500 Rupees/25 min ●电话 Tel : +977- 61462657

出趟门 Transport/ Car Rental

公交 Bus
●集中在机场、汽车站和湖滨区之间 ● 15 卢比起价 ● Among the airport, bus station and lakeside zone ● Starting price: 15 Rupees

出租车 Taxi
●市区内出租车较少, 基本都在湖滨区, 到新城约 200 卢比 ● From lakeside zone to new downtown: 200 Rupees

自行车 / 摩托车 Bike/Motorcycle
●湖滨区有很多出租自行车和摩托车的店 ●价格按小时、天算不等 ● Lots of shops in lakeside zone ● Different prices per hour/ per day

在博卡拉，必须知道这 10 件事
10 Tips You Need to Know about Pokhara

①避免使用"不洁"之手 — 左手待人接物。Do not touch anything or anyone with your "unclean"(left) hand. ②不要随意摸别人脑袋，小孩也不行。Do not touch anyone's head, even a child's. ③坐的时候注意脚底不要朝向他人。Do not face the sole of your feet towards others when you are sitting. ④谨慎拍照，尤其在宗教和丧葬仪式上。Choose the proper occasion for photographing, especially not on religious and funeral ceremony. ⑤医疗体系欠发达，备好常用药。Bring enough medicine for the local medical system is underdeveloped. ⑥生活节奏慢，上菜速度可能也很慢。Slow down your pace, even in restaurants. ⑦最好购买瓶装水作为饮用水。Bottled water is a good choice. ⑧高级餐厅一般有 10% 的服务费。Service charge in high-class restaurant is 10%. ⑨每天早晚各停电 3–4 小时。There are 3–4 hours power cut every morning and night. ⑩车辆靠左行驶，与国内相反。 Cars drive on the left.

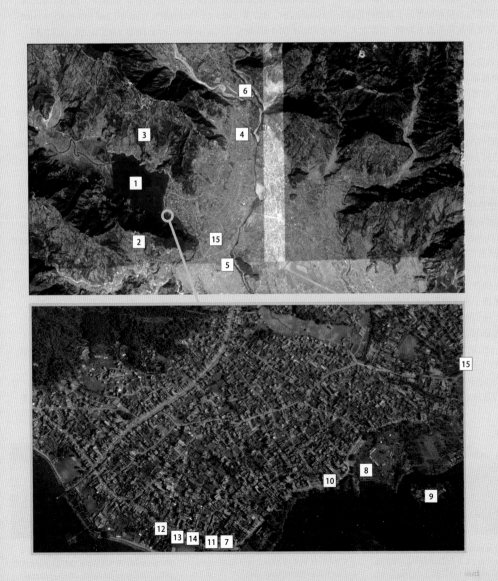

从北京到博卡拉再到 Old Blues
Old Blues : Perfect Day in Pokhara

赵人秀（Cab）| 采访、撰文、摄影   周赟、夏雨池 | 编辑

2013 年，我去了博卡拉三次，在那里彻夜 party、拍纪录片、徒步、谈恋爱或者只是呆着，什么都不做，近乎挥霍地浪费时间。现在看来，我在博卡拉经历的一切并不像曾经想象中的那般传奇，但我还是要说：博卡拉改变了我的人生，因为在这个城市经历的一切，我发现了人生新的可能性。

去博卡拉之前，我只是个居住在北京五环外、每天骑着摩托车穿越大片坟地、冲往四环CBD 去上班的沮丧小胖。我喜欢摇滚乐，做梦梦见印度，总有一堆精力无处发泄，脑子里还有一大把不切实际的模糊理想处于放弃的边缘。一天心血来潮想要趁年假出去转转，印度太大，10 来天年假肯定不够，于是把目的地锁定在与印度接壤的尼泊尔。我的好朋友庞先生听说我要去尼泊尔，突然眼睛放光，他打开电脑里一个命名为"博卡拉"的照片文件夹，挨个儿把照片给我看，并且极有耐心地讲述他在博卡拉经历的神奇故事，这些故事大部分都跟一个名叫 Old Blues 的摇滚酒吧有关。庞先生的讲述让我兴奋不已，他还说："到了博卡拉你一定要去 Old Blues 向兄弟们问好，说你是我的朋友，他们也会把你当作好朋友对待。"

事情就这样发生了。到达博卡拉，还来不及欣赏雪山与湖泊的美景，我就冲进了 Old Blues，10 分钟内我就和 Old Blues 的员工们成为了朋友，我的到来让他们惊喜异常，据他们所说，我是第一个加入 Old Blues 大家庭的中国女孩，而在这之前，这个大家庭早已像联合国一样，聚集了来自世界各地热爱音乐、派对的背包客们。他们中有些人几乎每年都要回到这里，一切都是因为，在他们自己的国度，无法感

Enter "Pokhara" in the search box of Instagram, and you will find paragliders, boats in the lake, western breakfast, artistic asian girls and smiling white men and women. That's the A side of Pokhara, the second biggest city of Nepal. It has a landscape of lakes, mountains and well-equipped facilities. It is born to be a tourist destination. However, the B side of Pokhara can all be seen in a pub called Old Blues. This legendary pub was built in 1987 and it is the first Live House in the lakeside zone of Pokhara. In its golden age in the 1990s, artists around the world would come here. Since then, Old Blues has fostered an international family. Visitors from around the world found it impossible to forget Pokhara because of Old Blues. They went away and came back, then went away again. Author Zhao Renxiu used to be a white collar living beyond the 5th ring of Beijing and everyday she would despairingly ride her motorcycle through a cemetery to reach her office in CBD. But that was before her journey in Pokhara. Old Blues was her first stop in Pokhara. She began to know about Pokhara and meet a group of unique people over there. She even shot a video as a souvenir. In the video, she interviewed five amazing friends she made there, and now she is writing it down in order to make their stories dance on paper again.

受到在博卡拉和 blues-family 里那种毫无顾忌的友情和欢乐，在 Old Blues 他们感受到自己被百分之百地接纳，摇滚乐与酒精变成了催化剂，传说中的 love & peace 似乎真的在这个喜马拉雅山边上的小角落里实现了！

第一次的博卡拉之旅结束后，我回到北京，回到朝十晚九的工作，但一切都不一样了，我默默地攒钱，默默地计划着一些事情。2013 年秋天，我辞掉工作，再次回到博卡拉，回到 Old Blues，这一次我带了一台摄像机，开始了自己本能般的影像记录。

诞生于 1987 年的 Old Blues 是博卡拉第一家 Livehouse，对博卡拉甚至尼泊尔地下音乐的影响深远。Old Blues, built in 1987, is the first Livehouse in Pokhara. It made a deep impact on the underground music of Pokhara and Nepal.

Old Blues 室内壁画，据说出自一位欧洲艺术家之手。Murals in Old Blues, it is said to be drawn by an European artist.

吧台上那幅湿婆画像是我某个尼泊尔小男友送给 Old Blues 的，这个男孩曾在 Old Blues 当过调酒师。The Shiva portrait on the counter is a gift from one of my Nepal boyfriend. The boy was once a bartender of Old Blues.

photo by Bernhard Huber, Flickr: https://www.flickr.com/photos/97278656@N08/14571510182

坠入爱河一点儿错都没有！Hoshiyar Gurung

●年龄：40 ●国籍：尼泊尔／美国 ●身份：Old Blues 酒吧最大的股东、徒步向导、布鲁斯吉他手、生态旅行项目创业者 ●居住地：博卡拉 ●喜爱的音乐：James Brown, Lou Reed, Shakti, Lauryn Hill, John Lennon…

Hoshi 在我心目中占据着很特别的位置，他是我在博卡拉最好的朋友，是我在博卡拉最信任、最尊重的老大哥。说实话，看 Hoshi 第一眼我觉得他就是个极其普通甚至略带猥琐的尼泊尔老男人，但是当他开口对我说英语时，我惊呆了！你知道，尼泊尔人虽然英语都还不错但当地口音极其浓重，而 Hoshi 几乎没有任何尼泊尔口音，并且词汇量极其丰富，再加上他的嗓音极其性感，有时说话还有点像 Bob Marley，有那么一刻我觉得自己被这个黑黑瘦瘦的老家伙给催眠了！

Hoshi 年轻时曾是博卡拉湖滨区的风云人物，梳着大长发，在 Old Blues 里彻夜弹吉他玩音乐，无数女孩为他着迷，20 岁出头时，他跟随美国女朋友 Amanda 去了美国，在那里生活了几年，后来终究因为抵不住浓浓乡愁而回到了博卡拉。回归后他把 Old Blues 经营得有声有色，再加上自己不同于其他当地人的音乐品味，Old Blues 吸引了不少来自全球各地的音乐人，有那么几年，即兴演出几乎每晚都会在 Old Blues 里发生，许多绝妙的音符在这里碰撞、产生……这几年，Hoshi 渐渐退出 Old Blues 的管理，把更多精力放在了家庭上。闲暇时候他会来 Old Blues 喝上几杯，或者是带着他的外国朋友们去深山荒野中徒步。

2013 年年初，Hoshi 开始了他一个难度极大的创业项目，他在费瓦湖对岸的村子里买了一大块地，想把它建成一个"灵修＋民宿＋劳作"的有机生态农场。当他告诉我这个想法后，我内心出现一个大大的"哦"，觉得这事不太靠谱。但是 Hoshi 十分坚定，他转让了自己在 Old Blues 的部分股份，房子拿到银行做抵押贷款，一周多次往返于湖滨区和他的小村庄。有段时间他经常带上我和英国三姐妹去他的小村庄喝酒玩耍，英国三姐妹特别疯，在博卡拉已经待了将近半年，她们与 Hoshi 的关系也是介于兄长和朋友之间，但是我隐约感觉到，三姐妹的大姐杰米和 Hoshi 走得更近。直到有一天，三姐妹终于要离开博卡拉，Hoshi 极其伤心甚至几度落泪，这个时候他才告诉我他爱着杰米，他们之间什么都没发生，但他确定他很爱她。

就在这个当头，我极不厚道地给 Hoshi 做了个采访。

Cab × Hoshi
你在 Old Blues 酒吧待了这么久，总是能碰到很多美丽的女孩，她们中有些人和你成为很好的朋友，甚至可能会与你发生超越友情的情感，但她们终究要离开，你会觉得伤感和失望吗？

当然，这种现象在整个尼泊尔其实都很普遍。人们从自己的国家不远万里来到这儿寻找欢乐，他们刚下飞机的第一感觉是：天啊，这个国家太自由了！他们可以做任何事情，一切顺其自然，即使是与当地人谈恋爱这也是特别自然的事情。随着年龄的增长，当我遭遇这样的事情时，首先会提醒自己必须表现出足够的责任感。在这里我看到了太多的爱情故事，有好的爱，有坏的爱，对于年轻的姑娘小伙子来说，坠入爱河一点儿错都没有。但就我自己而言，我更关心的是：自己能够在湖滨旅游区占有一席之地，就是要确保人们能够在这生活得开心，并且足够安全，人们一方面做着爱做的事，又充满责任感，所有人都为自己的行为负责。

You've stayed in Old Blues for a long time and you kept meeting beautiful girls. Some of them became really good friends of yours and some even had relationships with you. But they have to leave eventually. Would you feel sad or disappointed?

You bet. These cases are common in Nepal. People came a long way from their country to come here for fun. When they get off the plane, the very first feeling would be: Oh my god, freedom! They can do anything they like and anything comes naturally. Having relationship with local people is natural. But as I become older, I would consider the sense of responsibility when I come across these situations.

Hoshi 在酒吧里练琴。Hoshi playing guitar in Old Blues.

2013 年的达善节，Hoshi 带我去他家玩。During Dasain in 2013, I was invited to Hoshi's house.

Hoshi 的爱女聪明伶俐，她特别喜欢玩我 iPhone 里的小游戏。Hoshi's daughter is smart and adorable. She loves to play the games in my iPhone.

2013 年 10 月底，英国三姐妹刚离开博卡拉，Hoshi 心里很难过。他在 Old Blues 的院子里，向我诉说对三姐妹的不舍之情。At the end of October, 2013, the three British sisters just left Pokhara. Hoshi was upset. He told me how he missed them in the yard of Old Blues.

我长得像棵树吗?! Calin Popa

● 年龄: 32 ● 国籍: 罗马尼亚 ● 身份: 滑翔伞教练、动力工程师 ● 居住地: 博卡拉 ● 喜欢的音乐: 黑金属、死亡金属

Old Blues 除了是音乐爱好者、背包客的聚集地, 也是博卡拉滑翔伞教练们最爱去的酒吧。这些滑翔伞教练来自世界各国, 以教授游客玩滑翔伞为生。罗马尼亚人 Calin 就是其中一员, 一入夜他就泡在 Old Blues, 旁若无人地跳着他那诡异的舞蹈, 或是随便拉个人口若悬河地讲着他的黑色理论。一开始, 我对 Calin 并无太大兴趣, 觉得他就是个故弄玄虚的黑金属爱好者, 但一次不经意的闲聊, 让我发现他其实有着自己一套很独特的世界观。

2013 年 12 月底, 我们约在 Calin 位于博卡拉湖滨区的家中采访。At the end of December, 2013, we are doing the interview in Calin's house in the lakeside zone, Pokhara.

约了采访, 来到他家, 他十分热情地为我还有他的一个法国客人煮茶。但是他的热情根本无法消除那种强大的黑色气场, 他笑眯眯地说, 今天你只能问我七个问题, 多出七个问题我不会回答。我说为什么要给我这个限制。他说, 这是我的游戏, 你得按照我的规矩来。我看了一眼他那个摆放了各种怪异圣物的祭祀台, 说道: "好, 那就七个吧。" 可是傻叉如我, 居然浪费了二三个问题, 跟他讨论罗马尼亚的龙和吸血鬼传说。聊着聊着我发现这个罗马尼亚人其实对于西方的那套玄幻理论并无兴趣, 他最爱讨论的, 还是东方的哲学与宗教。Calin 有一个印度 guru 教他冥想, 对于滑翔伞教练这种高危职业来说, 冥想练习有助于缓解焦虑情绪, 能够在飞行时保持更高的专注度。Calin 说他每天冥想两次, 早上坐大巴去滑翔起飞点时会在路上做一次, 晚上回家后会先完成自己的一套宗教仪式, 然后再做一次。在我的要求下, 他展示了自己自创的这套宗教仪式, 其过程很复杂, 让我完全摸不着头脑, 总之他使用了五芒星、骷髅头、湿婆神像、西藏颂钵这些来自不同宗教和巫术的元素。仪式结束后, 他指引我和另一个法国客人尝试冥想, 我俩打坐了 10 分钟后就完全坐不住了, 法国人默默地起身去旁边喝茶, 我坐在地上睁大眼睛盯着 Calin, 我想知道, 这个罗马尼亚人是认真地在做这一切吗? 还是只是在演? 事实上每当我和 Calin 在一起时, 这样的疑问就会伴随着我, 他的一言一行过于超现实, 就像是从魔法书中走出来的人物。

Calin 在家里凉台上修理他自制的台灯。Calin is fixing his home-made lamp on his balcony.

后来因为一些乱七八糟的事情我和 Calin 翻面儿了, 其实简单来说就是, 我觉得 Calin 是个控制狂, 而我是非常反感被控制的, 再加上在博卡拉时, 我的能量时刻处于被打开的状态, 非常情绪化, 所以终于有一次我出言不逊对他破口大骂, 也许是说的话太过分了, Calin 觉得我是个无可救药的极其自私的人, 那之后我们就基本没有来往, 见面也只是打个招呼什么都不说。但是我在离开博卡拉之前还是向 Calin 道了歉, 我意识到所有这些愿意接受我的采访、愿意与我成为朋友的人都是在帮助我, 但这种帮助并不是我应得的, 我只是遇到了善良、友好的人。Calin 尽管看上去非常特别、非常怪异, 但你不可否认, 他是善良的。

Calin 在进行他冥想前自创的一套宗教仪式。Calin is engaging in the rituals of his own before he goes into meditation.

Cab × Calin

你的家乡在罗马尼亚, 一个很冷门的国家, 说说你的家乡吧!
这才是我的家乡, 我的家乡是博卡拉, 这就是我的家! 我的家乡没必要是我出生的地方, 为什么我一定要和自己出生的地方绑在一块? 为什么? 难道土地会滋养我的根吗? 我是棵树吗? 对你来说我长得像棵树吗? 得了吧, 咱们还是讲讲道理吧! 所有人都在问我: 你的国家怎么样? 我会说: 非常好! 他们又问: 你来自哪个国家? 我说: 尼泊尔! 他们就说: 你怎么可能来自尼泊尔? 你看起来不像啊! 我生活在尼泊尔, 所以我来自尼泊尔。我出生在哪? 我出生在罗马尼亚, 一个特美的国家, 可牛了! 但我更喜欢尼泊尔!

在你的祭祀台上, 你供奉了那么多神, 到底哪个神是你的最爱?
我意识到一件很有趣的事, 除了一个神以外, 其他所有的神, 包括耶稣都会受制于头脑, 他们都得遵循于头脑, 但有一个神, 却能够超越头脑。

是哪个神?
当然是湿婆了! 他一直在冥想, 所以能超越头脑!

这些都是 Calin 自创仪式的必备物品, 他供奉了不同宗教的不同的神。These are the essential items of Calin's ritual. He worships different gods of different religions.

我们都觉得你浑身充满了死亡气息, 能说说你如何看待死亡吗?
死亡? 没错, 我们是朋友, 我要告诉你一个我自己的观点, 几天前我碰到了死神, 我盯着它的脸, 特别清晰, 如同一面镜子, 我对着这张脸丈量着自己的倒影, 我得出的结论是: 所有的语言都无法形容或解答任何的问题。

所以当你想到死亡的时候, 是怎样的一种感觉?
舒适。

你说的舒适是什么意思?
舒适? 它是一种觉知, 一种空无的觉知。当我冥想的时候, 它意味着空无, 没有思想, 头脑中只有本于存在的觉知。

那你害怕死亡吗?
我觉得死亡只是不存在了而已, 所以我为什么要害怕它呢? 它一点儿也不重要! 但我有种预感, 我觉得我会活到很老才死掉, 死的时候会病殃殃的, 惨得一塌糊涂, 不过我无所谓啦。

We all can smell the sense of death around you. What do you think of death?
Death? Right, we are friends and I am going to tell you one of my perspectives. Couples of days ago, I've met death. I stared at his eyes. It was so clear that I can size up my own reflection in it like in a mirror. And my conclusion is: It is impossible for any language to describe or explain this question.

Calin 向我展示他手工制作的五芒星底板, 为了做这个, 他花了十几个小时精雕细琢。Calin is showing his hand-made pentacle baseboard to me. He spent more than 10 hours in making this.

将自然界的火放在我们心中 Gary Miller

●年龄：65 ●国籍：加拿大 ●身份：瑜伽修行者、人类学家 ●居住地：博卡拉周边的 Panchasse 村庄

之前提到 Hoshi 也是个徒步向导，与一般的徒步向导不同，他和居住在深山里的人们都是好朋友，走到哪个村子都有老熟人。2013 年 11 月初，我跟随 Hoshi 去到博卡拉周边的 Panchasse 徒步，一路风景绝美，但路途极其辛苦，最后我们落脚于四处环山的一个小村子，入住到 Hoshi 朋友所开的客栈，这客栈由村子里的原著民三姐妹运营，其中大姐嫁给了一个名叫 Gary 的加拿大学者，他与 Hoshi 也是多年好友。

Gary 大半辈子都在印度的乌托邦之城 Auroville 度过，几年前他来到尼泊尔旅行，Panchasse 自古以来都是古瑜伽修行者栖居的地方，Gary 很自然地来到这里，但没想到短期旅行变成了长居，更没想到自己居然和一个当地女人相爱并组成了家庭。Gary 并不怎么会说尼泊尔语，他老婆也只会简单的英语，一开始我怀疑他们之间能否有效交流，并且仔细观察了这对夫妇的互动方式，他们看上去并不怎么亲密，但有种奇妙的默契与和谐在里面。Gary 帮助老婆劳作，比如生火煮米酒，而 Gary 从这些简单的劳作中领悟出更高的哲理与爱。

Gary 是个动作极其敏捷的老头，他穿着拖鞋，带我们在泥泞的山路上爬上爬下，他指着左边的山、右边的山，后边的山，最远处的安纳普尔纳雪山讲述着它们在古瑜伽体系中的象征意义。Gary 的理论十分艰深，它融合了古代瑜伽哲学、人类学、符号学。由于村子里停电很早，吃完晚饭后几乎毫无娱乐活动，Gary、Hoshi 还有我，围坐在火前费劲所有脑力和直觉力，聊着这个庞大的抽象命题。

Cab × Gary

能否简单介绍一下你的理论呢？
我一直在研究圣山，比如在你西侧的这座以及远处的那座，这些圣山的性别都是雌性的，在尼泊尔的喜马拉雅山脉中，她们都具有神圣性。在 Panchasse 村里你能看到马纳斯卢山、安纳普尔纳山、旁加西山以及背面的道拉吉里峰，这四座都是圣山，每一座都有各自的传说。

那么这些圣山的意象与瑜伽修行又有何关联呢？
这正是我的兴趣所在，我一直都在研究假如在这样的环境下练习古代圣歌中记载的古瑜伽，会发生什么。在早晨，这是火的符号，象征我们心中的那团火，自然界中的木火也是同样的象征。我们可以创建一种练习，将自然界的火放在我们心中，如同那座山峰位于安纳普尔纳山脉的正中心，就像在母亲的怀抱中。这就是我说的瑜伽练习，但这是古代瑜伽的练习

我发现你经常在厨房里坐着一动不动，盯着那团火，还放着奇怪的音乐，不，应该说是一种蜂鸣的声音，这是在干嘛？
你所说的发出蜂鸣声的东西叫做唱诵机，在印度的每一个音乐店铺都能买到它。你可以把它设置成你自己的声调，因为当你唱诵了几个小时后声音会变得不和谐，你会感到疲倦，所以我用这个机器进行唱诵，明白了吗？所以，我坐在厨房里，看着这团火，我应该在脑海中想像它，对吗？这团火和圣山一样，都是用于瑜伽冥想的图像。我把这团火放在我的胸口，你必须搞清楚如何做到这一切，因为根据古瑜伽圣歌，这团火必须燃烧于这个位置，它必须在我身体的中心位置，就像鱼尾峰位于安纳普尔纳山的中心一样。

那你这么做会发生什么呢？
没人知道真正会发生什么，因为这种冥想方式已经失传了，彻底的失传了。这正是我尝试这种冥想以及研究这种方法的意义所在。

What's the connection between the imagery of these holy mountains and yoga practice?
That's what I have interests in. I have been studying what would happen if I practice ancient yoga mentioned in ancient anthems within this environment. In the morning, this is the symbol of fire and it symbolizes the fire within our hearts, just as it symbolises fire in nature. We can establish a practice to put the natural fire into our hearts. For example, that mountain peak is in the very center of Annapurna, as if it is in the embrace of a mother.

Gary 把一座座山指给我看，告诉我它们在古代瑜伽中的象征意义。
Gary is showing me every mountain and telling me their symbolic meanings in ancient yoga.

Gary 向我展示他冥想时使用的蜂鸣器。Gary is showing me his buzzer for meditation.

炉子上煮的是尼泊尔本地的米酒 roxy，Gary 正向我讲解 roxy 的制作过程。On the stove, a local Nepalese rice wine called roxy is boiling. Gary told me the making process of roxy.

Gary 的妻子坐在她妈妈旁边，还有她的妹妹。Gary's wife sits with her mum and her sisters.

说实话我不想成为任何别的人 Jim Robinson

●年龄：68 ●国籍：英国 ●身份：退休老人、工艺师、旅行家 ●居住地：英国 Brighton、博卡拉湖滨区

说起来，Jim 是我在 Old Blues 结交的第一个朋友。这个固执、慈祥的英国老人从外表看就像个嬉皮时代的活化石，而 Jim 第一次来到博卡拉，也确实是跟随 70 年代的嬉皮大潮，一路从欧洲出发，穿越西亚，途径印度，最后落脚于大麻资源丰富的喜马拉雅小城。和很多人一样，最早我是被 Jim 的外形所吸引，但随着交往的深入，时常被他浓厚的人情味所感动。

对于大部分的旅行者来说，我们在路途上结交的朋友基本都是萍水相逢，有些人再也不可能见到，只有很少一部分人会留下联系方式，偶尔在 Facebook 上互相点赞，再无其他互动。但是 Jim，他愿意花大量的时间和精力十分真诚地去维护旅途中的友谊。退休后，Jim 养成了固定的旅行习惯：夏天待在英国 Brighton 老家，期间会去其他欧美国家做短途旅行，旅行的目的很简单，就是拜访曾经在路上结识的朋友。大概在 11 月左右，Jim 会回到博卡拉待到第二年春天，通常他的路线是从伦敦飞到北京，北京飞到成都，成都飞到拉萨，然后陆路回到尼泊尔。去年 11 月，Jim 途径北京时我们一起玩了几个晚上，他特别希望有一天我也能去英国拜访他，我说我真的非常想，但是机票和生活费对于我来说很贵，签证也不容易办。Jim 说：我明白，我所身处亚洲的年轻朋友都存在这个问题，所以这几年我趁自己的身体还行就多走动走动来找你们玩，但以后身体不行了，还是希望你们能有机会来看看我。听到这，我内心特别想哭，在心里对自己说："攒钱，去欧洲，看 Jim 老爷！"

Cab × Jim

能记住自己一共来过多少次博卡拉吗？
大概 30 年前，我第一次来到这里，如果我带着护照的话，就能告诉你我到底来过这儿几次，可能之前来过 15 次，我猜测。

能透露你的情感状况吗？因为你总是满世界地跑，所以会好奇。
我单身。

为啥？
为啥？因为……其实我去年刚和女朋友分手。生活就是这样的，如果你没找到那个合适的人话，为什么要结婚？为什么要维持一段固定的关系呢？他们必须是个合适的人，或者说世界上根本不存在这么一个合适的人，但是没有人总比跟一个错误的人待在一起好。

为什么每天晚上都来 Old Blues 玩？
混迹于 Old Blues 酒吧的人，几乎都是些很有个性的独自旅行的人，有些人也许会觉得 Old Blues 酒吧是个非常危险的地方，因为人们喝的太多，又跳舞又唱歌又喝酒的。所以说，人们必须要有很强的个性，才敢去到我平时会去的地方。我觉得个性代表了一切，我从不跟毫无个性的人一起玩。

人们经常会被你的外形所吸引，比如说你的首饰，你的大胡子，还有你的宽沿帽，你是有意的去打理自己的外形吗？
虽然我没有真正的纹身，但你所说的这些元素都是我的纹身，我特别特别喜欢这些首饰，它们基本都购于西藏。我们刚刚聊过了个性和人格，说实话我不想成为任何别的人，如果我把胡子给剃了，那我就只是个路人而已。

Why do you come to Old Blues every night?
Most of the people in Old Blues have strong personalities and travel alone. Some would find Old Blues too dangerous, because people drink too much, dancing, singing and drinking. Guys should be tough enough, so they have the guts to go there, where I usually go. Personality is everything. I never have a friend without personality.

Jim 留胡子将近 40 年，他不怎么打理，就是拿剪刀剪剪。Jim kept his beard for almost 40 years, but he seldom grooms it. He just cut them with scissors.

我画的只是普通意义上的山而已 Tio

●年龄：68 ●国籍：荷兰 ●身份：画家 ●居住地：博卡拉周边的Panchasse村庄 ●喜欢的音乐：西塔琴弹奏的音乐，比如 Ravi Shankar

在 Gary 家附近住了个画家，名叫 Tio，荷兰人。除了吃饭睡觉以及偶尔与 Gary 玩上几局纸牌游戏，其余的时间都在画画。他喜欢画山，去他家逛了一圈，发现屋子里所有的画都与山有关。Tio 寡言少语，但气场十分温和。他与 Jim 一样，也是早在 70 年代就跟随着大帮欧洲嬉皮士们来到了博卡拉，期间断断续续回来过几次，退休后决定在此常住，原因很简单，因为山就在这里。

Cab × Tio

为什么喜欢画山呢？
也许因为它们永远都在变，永远都不一样。因为，有光线，当你尝试着去描绘这些光线时，这些山就会显现出不同的样子。

你画的是哪些山？
我画的并不是特定的山，比如安纳普尔纳山或鱼尾峰，并不是。我画的只是普通意义上的山而已。

你的画售卖过吗？
有，但并不多。我回荷兰的时候，会带一些画回去，有些就寄放在老家的画廊里。我女儿在荷兰，她有时会帮我打理这些事情。

想女儿吗？
当然，你看那面墙上，有一幅小画，画的是《老人与海》，那就是我女儿画的，我想对我女儿来说，我就是画里那个老头吧。

当你在画画的时候到底是怎样的一种感觉，为何会如此热爱绘画？
当我不画画的时候，我总觉得自己失去了什么，换句话说，我会不开心。我猜，画画能够让我觉得快乐。

How do you feel when you are painting? Why do you like painting so much?
I feel like I lost something when I'm not paitning. In other words, I feel upset. Painting can make my happy I guess.

Tio 的家离 Gary 家大概 50 米远，是他与当地村民一起一砖一瓦盖建的。Tio's house is about 50 meters away from Gary's. He built it with local villagers.

Tio 正在尝试中国山水画。他曾去过桂林，非常喜欢中国山水和传统绘画风格。Tio is trying to paint Chinese landscape painting. He has been to Guilin, and loves traditional Chinese painting style very much.

Tio 的颜料大部分购自博卡拉市中心，还有一部分是从荷兰专门带来的。Most of Tio's paints was bought from the downtown of Pokhara. Some of the other paints are brought from Netherlands.

照片里的姑娘是 Tio 女儿。The girl in the photo is Tio's daughter.

看见鲸鱼座的人

糖匪 | 撰文

"我该怎么办？在漆黑的夜里等待变灰？"

········ A ········

她一直记得那个夏日。父亲巨大的影子投落下来。她从作业本上抬起头。

"莉莲。"父亲在书桌前蹲下，窗外的绯红的云彩披挂在他肩膀上。父亲又念了一遍她的名字，然后又是一遍。那样子真滑稽，从没有人像他这样喜爱女儿名字的男人。

她被逗笑了。"干吗啊？"

"你在做什么？"他明明知道她在赶作业，却仍然热衷于父女间不知所谓的对话。

母亲说父亲不善言辞，在人前寡言少语。她想象不出那个样子的父亲。但他的确是个不知道怎么说话的人。出门工作一走就是半个月，回来只知道和家人说些傻话。

父亲站到她边上，俯身看她的作业。电脑已经进入屏保模式，黑色界面上跳出一朵朵果绿色心形云朵。父亲的手掠过屏幕，从氮化镓屏幕中间忽然冒出一节车厢内纵深图景，车窗外景致飞驰而过，车厢内14条粉色金鱼正襟危坐在同一排长椅上，身体随车厢前进晃动，眼睛随车厢里飞来飘去的云朵乱转。这是父亲专为她设计的屏保程序。

全宇宙唯一一份。他总是不厌其烦为她做奇怪又特别的礼物。

父亲拿起电脑，按既定节奏地敲打金鱼脑袋。电脑解锁。

"是暑期作业啊，不是已经开学了吗？"他问。

他当然知道这是暑期作业。母亲就是派他来检查作业的。

"明天就交。"

父亲看得很认真。然而即使只是个十岁的小孩，她也能察觉面前这个男人的为难。他并不擅长做这些事。

"这道题为什么空着没有做。"父亲问。也只有他会问吧，答案显而易见，并且难堪。难堪到她难以启齿。

"记暑假中一次难忘的星际旅行。"他大声念出题目，然后便明白了。

外边的天黑了。不远处高速公路上传来汽车尖锐的呼啸声。

他们仿佛忽然陷落，从广袤缤纷的世界陷落到眼前这间小小的老公寓。比起不断掉皮的外墙，破败的家具并不算碍眼。

无论贫富，人都可以活得有尊严，活得美丽。母亲告诉她。父母也是这么做的。尽可能把家布置得舒适得体，尽可能为她创造和同学们一样的学习条件。就算没有钱植入微型电脑，父亲也会设法将她的老式石墨烯层平板电脑装扮得复古有型，让同学羡慕不已。

她以为他们总能有办法对付窘迫的生活。

直到看到那道题。

难忘的星际旅行？他们家承担不起这笔开销，哪怕是一次月球夏令营。她没有和父母提过这事，因为这次他们也无计可施。同学们纷纷在群里晒着在外星的照片：机组舱里亲密合照、月球上第一个脚印、木卫二表层的海洋漂流物，当然还不乏凤凰带中的那些类地行星上的纪念建筑。

而她，却待在家里，上瘾般一次次地刷新着同学们的消息，比任何人更关注这些千篇一律的游记和影像。开学第一天，她逃课了。

逃课的事，老师一定通知了母亲，母亲又派遣刚好回来的父亲。她宁愿被老师在全班面前痛骂也不愿这样面对父亲。

"我已经下了不少素材，用半个小时合成一下就可以。"她说道。

"我觉得你的那个屏保可以再改改。"父亲忽然两眼发光，一边说一边十指飞快地敲打键盘。

"云朵碰到金鱼的时候，让金鱼吐出大水泡怎么样？怎么样，特别棒吧？"

很多年过去后，她仍然记得那张神采飞扬的面孔，父亲好像老电影里那些放烟花的小孩子，专注于正在创造的新奇事物上。他并没有在回避难堪，他已经忘了这种事情。

········ B ········

那台石墨烯层平板电脑她一直留着。它被卷成一捆，随为数不多的家当一起放在旅行袋里，跟着她去过不少地方。虽然是老古董，但性能稳定，外观也维护得很好。几次被恼怒的房东们摔出门也没有事。

22岁的时候，她在一个人的面前打开这台电脑，向他展示父亲设计的小程序。那人发出惊叹。他并不知道她已经有十年没有开启过这台电脑，就像她当时并不知道自己爱着那个人。他们坐在她宿舍的小隔间里。外面下着雨。淅淅沥沥。他听她慢慢讲她小时候的事情，会提到父亲做的那些傻事，也提到小学暑假作业的那道题。他竟然也记得那道题。

"那道题我拿了满分。第一次满分。"

"厉害。"

"你呢？"

她的手指划过屏幕，那些一本正经的陆地金鱼。雨声细而绵密，容不下别的声音。风一丝丝沁入皮肤，她蜷起身体。"父亲替我做了那道题，用了三天的时间。"然而那并不是能令人信服的作业。老师认为她描述的那个星球违反物理定律，根本就不存在。作业被认定是作假，得了零分。父亲比她更愤怒，找老师理论，居然成功迫使老师把成绩改为及格。

"其实，老师说的也没错。根本就没有什么'我的外星旅行'。那颗行星也是他瞎编出来的吧。不知道为什么他那么生气，为了这道题和学校的每个老师都争论过，一天24小时守在虚拟社区上。最后老师是怕了他吧，觉得实在太麻烦就改了成绩。平时连说话都说不利落的人，居然吵架吵赢了。"

但是凡事都有代价。这件事没多久，她被勒令休学了。

"休学？什么理由？"

"没有理由，就是有一天突然收到通知。"

"你父亲怎么说？"

"他不在。"她笑起来。一处理完暑假作业的事，他就去了其他城市，工作需要他大部分时间都在外地。而且，即使那时他在家，也无能为力。得知她被休学，他只是在远程通讯视镜里喃喃重复着她的名字，不知道怎样表达歉意和悔意。那么笨拙的人，却会为了心目中最重要的事和人争论，并且坚持到底毫不退让。比如作业里再现的景观的确来自一个真实存在的星球。无论怎样都要让老师承认——星球是真实的，那个作品是真实的。和其他那些他认为必须捍卫的事一样，不管付出多大代价，他都要至死捍卫。

所以，那道题，或者说，"真有那样一个星球"这事实，远比她来得更重要——那么多年过去这念头第一次明晰地出现在莉莲心中。

在这之前，她从不去想为什么会难过。

不回忆，也不思想。

只要不知道原因，就不会更难过。

莉莲深深吸气，默数心跳，等待鼻子不再酸胀，仿佛大浪过后从幽暗冰冷的水下浮上海面，恰好在那时，迎上那个人的声音，好像阳光。

他问道："你父亲经常不在家？"

"你知道艺演师吗？他就是。"

"就是通常说的肢体艺术家？"

"差不多吧。通过肢体表演和装置，还有戏剧元素结合起来，传达生命体验和个人主张的艺术家。可不是演员哦。"

"好严肃啊。"那个人睁大眼睛看着她。

"没有吧。"她笑着换了话题。但那个人又重新提起这件事。

"我记得有几年艺演师特别受欢迎。办派对不请艺演师就不算是真正的派对。"

不单是商业演出，最早艺演师也是受雇去表达政治主张影响政府决策。但她没有纠正他。

"嗯。可惜我父亲只是一个普通艺演师，并不出色，挣的钱勉勉强强刚够养家。但他的确很喜欢自己的工作。"

"后来呢？"

"没有后来。末了还是个不入流的人。"她瞄了一眼桌上的小方盒。盒顶跳闪绿光。"我下了几部老电影。一起看吧。"

他们一同戴上拟真头盔。感应带固定在大脑特定位置。根据电影情节推进,微量电流通过感应带上的探针,刺激相应脑区,产生幻觉,让人身临其境。

真正的幻境。

人陷入其中。哪怕理性不断重申这是虚假,身体连同所有感觉器官已被切实带入拟真世界,经历诡异离奇的冒险故事,分泌出憎恨、恐惧、爱、喜悦的信息素。这就是真实了吧。

只需要付出金钱就可以。难怪人们趋之若鹜。虚拟电影巨大的产业链下不知道养活了多少人,其中包括转行的艺演家。

但是,父亲一定不会同意这样的观点。

他也不会转行。

如果他还活着的话。

他们一起看了费里尼的《甜蜜的生活》。影片第20分钟的时候,那个人睡着了。所以,她没有告诉他这部电影她看过好多遍,其中还有一次是胶片版;所以,她也没有告诉他——她一直觉得那里面的马切罗长得有些像她的父亲;所以,她也没有告诉他那个长得像马切罗的父亲后来发了疯杀了人现在还在潜逃中。

那天晚上雨一直下。看完电影他就回去了。借走的那件雨衣一直没有还回来。

········ C ········

之后过去的十年里,又有一些旧物被陆陆续续地借走。她的身边也不时多出一两件借而未还的物件。那样的事随着年岁增长而越来越少。她孑然一身,完全投入为之奋斗的事业中。不会和任何人有多余的关系,不会有让人负累的借贷,也不会在街上被熟人叫住。

因此,一开始她完全没有意识到对面沙发座里的老头是在叫她。"莉莲,好久不见。"

她认出了那笑声。"你好。"

每一个职业艺演师,都需要有一个经纪人来帮助他经营事业。父亲尤其是。眼前这个老头可能是世上唯一能和父亲合作的经纪人。父亲失踪后,他继续打理父亲的业务,出售现场装置、影像资料,以及纪念品,每月定期将钱转给她们母女。

"真冷淡。我读了那篇关于你的报道。是下周吧。人类历史上首次穿越虫洞。"

"我看着不太像宇航员吧。"

"至少小时候不像。真厉害。"

人们总会这么说。尤其是那些小时候的熟人。她这样贫穷单亲家庭长大的孩子，一路向上爬，最后成为精英宇航员，一定受过不少苦。

他们以为他们知道。但他们不知道。

受苦这种事不是能靠想象可以明白的。

"有什么事？"

老头看了看时间，站起身。"你下周就要出发了吧？有件东西我想在你出发前给你。你待会儿没事吧？我的办公室就在楼上。马上要见一个客户。大概40分钟结束。你到时候上来找我。"

她还在犹豫如何拒绝，但似乎已经晚了。

老头已经走到茶室门口。"对了，你母亲还好吧？"

"七年前去世了。"

老头回过头。"我很遗憾。"

她笑了。"不，你根本不在乎。"

她说的是事实。但这么说对老头似乎不公平。作为经纪人，他已经尽职。父亲本来就是老头手下最不挣钱的艺演师，又在那场臭名昭著的艺演事故后玩起失踪，直到今天也没有露面。他完全有理由解除和父亲的终身合约，但他没有。幸运的是，出于猎奇心理，事故之后父亲的现场作品忽然有了销路。老头不用很费劲就可以不时给她们寄点儿小钱。靠着这个，她们渡过不少难关。

母亲对老头心怀感激。尽管他只是出于生意人的考量履行合同约定。莉莲搞不懂母亲，却很羡慕她，羡慕她经历了那么多事之后仍然对这个世界充满希望，羡慕她最后能够带着温柔感恩的心离开这个世界。

她也想像母亲那样，但她不行。

不过，至少她还能看在以前的情面上，在茶室里坐上一会儿然后上楼打个招呼的。

莉莲小心抿了一口茶——没必要在这种地方喝上两杯茶。

"坦诚、无所畏惧地展现了他对这个世界的理解。你能在残暴和血腥的行为中预见到爱的可能。"不知哪个顾客打开了有线电视。一个俊美男人的全息图像投射在茶室中央的空地上。五官、仪态、嗓音，无不堪称完美。而那紧贴在玻璃纤维面料下的美丽胴体，能让同性也浮想翩翩。他如此自信，他知道，人们吃他这一套。

莉莲认得这张脸，地球上最权威的艺术评论家。

即使不看电视，也不可能错过这张脸。他到处都是。莉莲百般无聊，开始估算这具躯体维护修葺的花费。的确是打发时间的好办法，做完这道加法题，也差不多到了该动身去见老头的时候。评论家正提到博伊斯，他滔滔不绝，说出的字如同珠玉掉落玉盘喷涌溅落。

在被他的话弄湿脚之前，莉莲快步走出茶室。

老头的办公室和他本人一样老派，20世纪的新古典风格，真皮沙发、抽象画，当然，少不了桃花心木的办公桌。

"怎么样？"老头摊开双手问道。

她笑了笑，没有作声。

"知道吗，你真像你父亲。我在路上喊他，也是要喊破喉咙他才会听到。"

不太会在街上偶遇熟人。她并没有这么解释。"有什么事吗？"

"知道吗，最近你父亲的作品走势不错，收藏家们纷纷出高价收购他的装置作品和艺演影像。大众随之跟风狂热购买和他相关的一切商品，单是印有他头像的明信片一天之内就卖出了几十万张。"

"我不明白。谁会买他的东西？"她格外惊讶。父亲的作品从来都不受欢迎。

"是啊。那个人自顾自地做事，不理会别人感受。好多雇主都是勉强才接受他的艺演。他还总喜欢唠叨着一句莫名其妙的话。"

"以纯粹的美学治疗去解救这个世界的歇斯底里。"她模仿着父亲的口吻说出那句话。

老头倒在椅背上大笑。

她没有笑。

到最后，疯了的那个人是他。

试图解救歇斯底里的人最终成为歇斯底里的终极产物。

母亲一直阻止她观看那次艺演，甚至在临终时要她发誓永远不看。但她还是看了，而且不止一次。在最糟糕的那段时间，她几乎病态地一次次不间断地观看那段影像。尽管不愿意承认，但她似乎感受到同样的歇斯底里，并且为之颤栗——也许在那颤栗里可以无限接近，那个她并不知道问题的答案。

父亲的最后一次艺演。他把自己和一头幼象关在集装箱大小的玻璃屋。每一面墙上都闪跳着宇宙诞生演化的模拟图像：超新星膨胀、星云形成、无数星际尘埃、第二代恒星形成、气态行星形成、行星群围绕着双恒星公转着、在某一刻停下自转的死星沦为一半冻土一半焦灼的地狱、大气稀薄的星球上所有的湖面在沸腾。高速快进，不断循环。远超出人类计算度量的时间与空间在那一刻塌缩成这间集装箱大小的玻璃屋。

一头象和一个人的宇宙。

图像不间歇地播放，配以无以名状的可怖轰鸣声。

7小时后，幼象在自己的粪便和尿液里发狂。它咆哮着撞向墙壁，以及父亲，用全身的重量压在那个已经血肉模糊的身体上，然后打滚。

血液、内脏、碎骨渣和眼球四溅，落在了宇宙深处星星的声电光影上。

艺演结束。

以一具无法还原的尸体和一头疯象作为结尾。

最初的震惊中，人们意识到艺演师不可能真的去死。他使用无耻的伎俩，让他的克隆人代替他本人完成了这场死亡表演。"这场残忍的谋杀，不仅践踏了法律，更是对美学和道德的污辱，触犯了身为人类的基本底线。"率先指出这点的人，也是这位评论家，谴责道。

警察部门立刻施行抓捕，黑客猎取每一条和父亲沾边的信息，将他的隐私公布于众，赏金猎人民间正义组织纷纷行动起来要抓住这个杀人犯，不惜一切代价，但是却被他逃了。

巨大的网罗下，他遁于他亲手激起的喧哗中，再也没有露过面。

十年后，艺术界收藏界忽然能接纳这个臭名昭著的杀人犯了？

"他们原谅他了？"她问老头。

老头耸耸肩，不予置评。

差不多该走了。她起身准备告辞。老头叫住她，从抽屉拿出一个大盒子。

她打开盒盖，愣住了。

"这东西，现在一定有人愿意出天价买下，但我觉得你应该留着。"老威廉说。

梨木做的立体镜。

观片箱上的挡光罩和隔板都没有漏光，透镜的状态不错，支架在滑轨的滑动正常，滑轨上的铜质旋钮光亮如初。立体镜被保存地很好，看上去和十二年前父亲向她展示时一样簇新。

当然，那张照片也在盒子里。

她没有去碰它。

十二年过去，它只是微微泛黄。

"我的暑假作业。"她喃喃自语。

"这么说是真的，我还以为他在开玩笑。太胡来了，拿这个做素材。"老头吃惊地瞪着她。"照片是实拍还是合成？"

"他说那是真的。"她不再作声，轻轻把盒子盖上。

忽然，房间里多出另一个人的声音。电视在指定时间开启。熟悉的人影出现在他们面前。

"现在，这个人对你父亲的评价特别高。最权威的艺术评论家。"老头对她说。

这是莉莲一个小时内第二次看到这张脸。她别过脸去。

"别这样，小莉莲。"老头盯着她的眼睛说道。"事情已经过去了。"

"他看上去更年轻了，是不是？"

"你父亲的事不能怪他。他是个评论家，那是他的工作。而且，那是很久前的事了。"

........D........

十二年前，并不算多久远。

当时，大评论家还只是个二线评论人，年过半百，苦于和同行们绞杀无法脱颖而出。偶然的机会，他遇见了父亲。

在市政广场边的舞台剧场里，大评论家被领进漆黑的观众席，手中拿着分发给观众的类似望远镜的东西——工作人员告诉他，这叫观屏镜。

当一束蓝光打在舞台前方的观众席时，他按照指示举起观屏镜。他看到身着宇航服的家伙正跃上舞台，光束跟着他一点点向黑暗的舞台深处挪去。灯光熄灭，宇航员没入黑暗中。

忽然，强光不期而至。整个剧院仿佛夏日白铁皮屋顶。他睁开眼的时候，已经在另一个世界。

那些是树吗？如同暴雨般密布的云一般的树。

树的躯干由纤细的金黄色管道组成。管道有规律地缠绕着一簇簇构成复杂的发辫形态，亿万根这样的发辫再以更令人眼花缭乱的形式缠绕在一起。往上，躯干散开成无数细小的枝丫，枝丫再散开更细小的分叉，如此继续弥漫散开遍布蛋白色天空，直至肉眼无法辨识。躯干之下，如同上面枝干的镜像，树木巨大的根系也同样惊心动魄地生长、蔓延、不断扩散，直至发丝般根须垂落在银色的岩石表面。

乍看下，这不明生物更像是一截悬浮在半空的树干。

为什么会觉得这像是一棵树？明明有很多地方不对劲。他所在的地方目光所及宛如蛮荒之地，渺无人烟。除了白色的天空和大地，便是一棵棵巨人般的大树。

评论家从最初的震惊中走出时，发现在场的不只他一个。

身穿笨重宇航服的宇航员和他一起面对着庞然之物无法动弹。

大评论家放下观屏镜。

四周漆黑一片，他又回到了观众席中。舞台屏幕上两张同样大小图像。他注意到这两张图像的画面几乎一样——一颗悬浮在银白色世界的大树。

宇航员还在那儿。他摘下头盔，转向观众席。

"献给我的女儿。这是她的作业。"

观众席上响起零零落落的掌声。为数不多的观众起身懒洋洋地朝出口走去。

"你的作品在表达什么？"大评论家来到父亲身边。

艺演师从不解释自己作品的意图。父亲只是笑笑，说："过半个小时还有一场。你可以留下来再看一次。"

"这个，叫观屏镜？"他换了问题问。

"嗯，由两组光学反射镜组成。可以平移视线。你知道吧，人的左右眼看到的图像并不完全一样，存在视差，就好像两个相隔一定距离的照相机镜头，对着同一物体同时拍下的照片。观屏镜可以平移视线，把左右眼看到的两张不同照片结合在一起，产生立体效果。"

"照片？"

"是真的照片。用3D打印机做的太空望远镜，然后拿胶卷相机拍下来后放大。我说了是吧，最初是给我女儿代做的暑假作业题。那个时候拍到了这两张照片，我先做了个小的立体观片镜。然后把照片放大，用在这里。"

"这个图像没有经过合成,是真实的星球景观?哪颗星球?"

"鲸鱼座δ3。"

大评论家并不相信艺演师。他查证的结果和他预想的一样,以人类现有科技水平,无法观测鲸鱼座δ3。尤其考虑到它附近的第二恒星正爆发产生行星状星云。这些向外抛射的尘埃和气体壳严重阻碍着对鲸鱼座δ3星的观测。更不可能拍出这么清晰的近照。

曾经让他身临其境的照片不过是廉价的虚拟图像罢了。

整场艺演说到底也不过只是一张廉价的假象而已。大评论家觉得好笑,将观演经历记录下来,写了一篇半调侃半玩笑的评论。《天真的造假术》——发表前的最后一分钟评论家为他的文章这样命名。

评论家并没有意识到眼前这个无名之辈正是命运赐给他的礼物。随手写就的这篇评论受到前所未有的关注和肯定,评论里极具个人风格的恣肆嘲弄给人留下了深刻的印象,而他对艺演的全面否定则被看作诚实与勇气的表现。许多人在读了他的评论后,成为了艺演迷。

一时间,他成为大众追捧的对象,艺术界的宠儿,他的好恶成为所有人的好恶,他的观点成了所有人的观点。大评论家成了真正的大评论家。

没有人会蠢到在那种时候和他公开作对。

尤其还是作为当事人。

但是父亲做了。他发表了声明,竭力证明照片的真实性,维护自己作品的价值。这是他最不擅长的两件事情——争论和证明自己。在和评论家的几次交锋中,他被耍弄得团团转,无数次跌入预设的陷阱中,好多甚至是他自己为自己设下的。无数人加入到这场声势浩大的嘲弄中。他的每句话每个微小表情都会被捕捉然后放大,成为艺术界、娱乐圈、搞笑艺人、民间段子手的素材。人们称他为那个"看见鲸鱼座的人"。

就这样,父亲成为人们一直下意识寻找的目标。那时,他们有多爱评论家就有多憎恶父亲。

从那时候起,他连一个顾客都没了。

他是从那时候起变得疯狂的吗?

尽管没有顾客,父亲仍然没有放弃艺演。从某种意义上,他也没有放弃和评论家的争论。每一个新的作品,都是对大评论家的宣战,以他擅长的方式。大评论家同样用他最熟练的手段去回击。在外人看来,父亲输得一次比一次更惨,而大评论家则变得更加瞩目。不管是否愿意,不管是否承认,他们的相遇成为各自命运的重要节点。

赢家赢得越多,而输家连同自己也输掉。

两个人的战争从假照片开始,到假自杀结束。

也许,他是希望真的就那么死掉。

那个人,总是什么事情都讲不清楚,总是做着谁也不明白的事情,凭什么他以为他可以奢望拥有别人没有的天真?

即使没有大评论家,他陡然下降直坠深渊的命运也不会有什么区别。那个看见鲸鱼座的人。

老头说的没错。和评论家无关,而且,那么多年过去了。

她只是不明白到了今天评论家为什么要为父亲翻案,给予他作品高度评价,甚至不惜推翻他当年的评论。当然,大众不会记得那些事。

但是她记得——她看了父亲所有的艺演影像,也读了评论家所有的评论。

抱着盒子从老头那出来,她直接回了家。平时令她自在的蜗居,因为盒子的存在,忽然变得让人坐立难安。她最终还是打开了盒子。立体镜、照片,还有一张纸条。

这的确是老头的风格。以前他有什么话要对父亲说却难以启齿,就会留这么一张纸条。

"莉莲,有一件事你必须知道。事实上,如果你对外面的世界多加点儿关心你应该已经知道——根据最新的DNA测定,当年留在艺演现场的血液有变异片段,不可能属于刚被克隆出的克隆人。所以,那场艺演你父亲动了真格儿。"

她盯着纸条,使劲去咀嚼这两行字的意思。她的眼睛长满了牙齿,她的心里长满了牙齿,她的大脑语言中枢长满了牙齿。咀嚼这比生铁还硬的几行字。牙齿磨擦着生铁,发出的声音让人发痒。

她的父亲死了。

十二年那场艺演中,他的父亲杀死的是他自己。

这是一场真正的死亡表演。

想明白这点,她再也忍不住放声大笑起来。

········ E ········

"你气色不错。"身边的宇航员说道。

就在刚才,人类历史上第一次成功穿越了虫洞。莉莲没有说话,她仍然有些晕眩,肌肉发紧。飞过虫洞这个事实对她而言,如同宇宙一样过于巨大。以人类现有对虫洞的了解,还无法模拟虫洞的环境,无法进行飞行训练。虽然理论上掌握了穿越技术,但是无法用实验验证。对航天局的高官而言,这次飞行就是试验。只要成功,那么只要驾驶核聚变飞船就能抵达那些遥不可及几百光年外的星星。人类无法抵御这样的诱惑。

她并不介意被当作实验品,甚至建议只由她一人操控,以GU型人工智能代替另一名驾驶人员。她以为他们会答应,但是最后他们派来身边这个人。

和计算的一样,他们穿过虫洞的时候,鲸鱼座δ星正处于明亮期。很快他们就发现δ星旁那个冰蓝色的小光点。那就是他们的目的地——鲸鱼座δ3。飞船开始降速。

一切正常。

在脚尖轻触星球表面冻岩层的那瞬间,仿佛电流涌过。她感到疼,疼到头盔可视镜被水汽模糊,疼到眼泪弄湿发梢。(这里的引力是地球的四分之一。)

她忽然想起那个夏天,有个身影向她俯下身子。他的肩膀上披挂着云彩。

"你怎么了?"他的同伴在控制室问道。

"你看见前面那片森林了吗,金黄色一片,巨大树木组成的森林。"

"是树吗?好大?"

莉莲弯下腰,泣不成声。

"你怎么了?"同伴问道。

"没什么,我只是突然想起我为什么要来这里。"

时间

烟囱 | 绘图

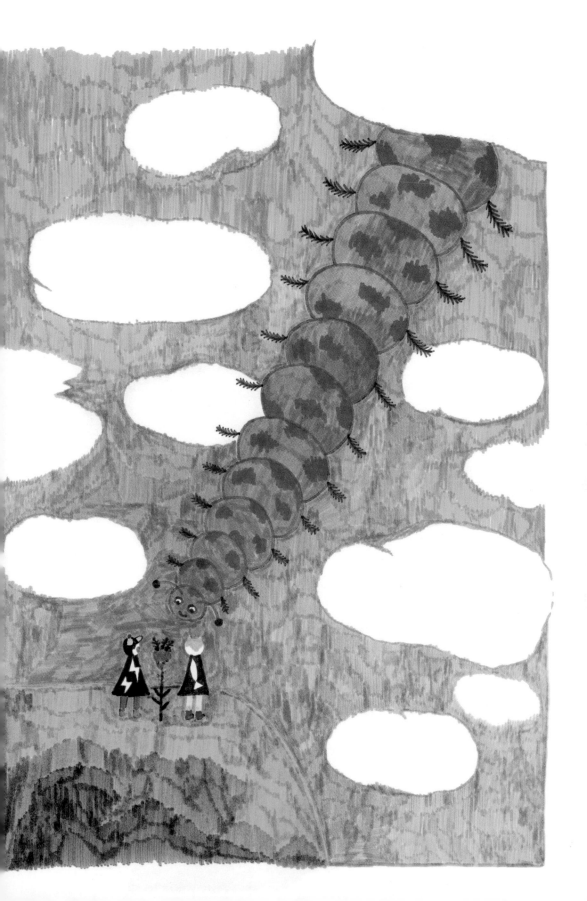

Che giorno è oggi?

今天星期几?

Non lo so

不知道。

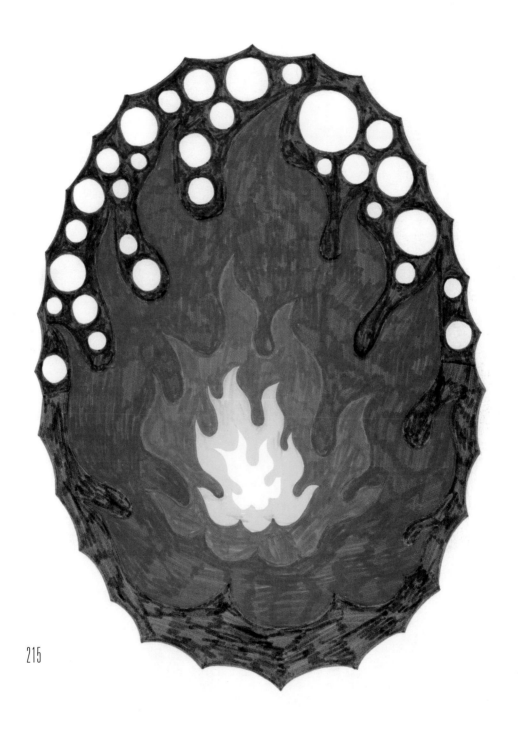

Fine

城图纪行

独眼 | 撰文

独眼：有几年我干的工作一个主要的部分是要去我之前不知名的地方调研，我在那些地方，看到了超出我预期和想象的事物。毕竟对自己生活范围之外的东西了解太少了。我想写的这部小说是关于一个闭塞的人在被迫的情况下不得不一再面对未知的故事，对他来说的未知，对身处其间的人只是普通的生活而已。在《城图纪行》里，"我"将在许多奇怪的地方走来走去，也将一步步接近危险和秘密。如果不算我小学在作业本上写的一个地球人到月球背面的故事，这是我第一次把故事放在不是现代也不是城市的环境里，也是一次面对未知的冒险。

巫鸦

⇩

········ 第一日 ········

在来的路上，夕阳西下，满天乌鸦从我和领路者身边飞过，它们从我和我的驴之间绕过去，距离出奇的近，我的脸能感到它们翅膀的风。

"它们不会伤害你。"领路者说着，他骑着马尽量放慢速度走在我身边，"鸦是巫的眼目，它们要看仔细。"

"对所有陌生人都这样吗？"我直着身子，尽量不动声色，它们仍然不断飞来，并没有任何一只真正碰到我的身体，也没有一只阻碍我们前进，甚至没有骚扰我的驴，可是感觉非常不妙，我是第一次从动物身上体会到傲慢。

对此，领路者也有所察觉，只是笑。

在河岸码头下船之前，我一直以为他会问我的身份、来意，继而闲聊、攀谈，但他只是一拱手说："我是你去巫镇的领路者。"名字不提。沿途仅是介绍了两座山——巫山与和山以及两山狭缝深处的鸦镇。他说，那里外人不必去，只有鸦栖息的树林，没有"真人"。

"既然乌鸦有自己的镇子，为什么还要认巫族为主人？"

他低头看看我，说："三百年前，鸦群的祖先为了获得保护，请巫族出手相救。"

这段故事我听人说过。"但从此成为别人的仆从不是得不偿失？"

"谈不上主仆之分，况且每种身份都有其不易之处。"

"你有乌鸦吗？"

"有。"

"周围这些就是？"

他微微笑："这些不是你们人族常见的乌鸦，是啸鸦。巫族中的每个巫，皆能按照能力大小调动啸鸦。比如眼前这些，现在是镇里守卫在调动它们作观察防备。如果我运用我的巫术，也可以让它们立刻为我所用。它们不是一对一地属于某个巫，而是我们所有巫都可以借用啸鸦的身体和意识。啸鸦屈服于最强的巫力。它们不必吃喝，可以仅靠巫力生存。"

"如果现在有人要用它们袭击我们也是有可能的？"

"守卫的巫力很强大,不是普通的巫能剥夺的。"

"你不是说你可以?"

"我是说我可以。"他笑得十分坦荡,我反而又疑惑又有些忧虑。

作为带罪之人,我由教义镇被指派进城,又被城中官员发往巫镇,每一步都不曾有人跟我讲清楚来龙去脉。我既不知道自己去干什么,也猜不透自己将要面临什么。

本来以为从教义镇被送到城中,我免去死罪,也至少是要去坐牢的,但进城后,所受的接待都如宾客。可是,每见一个官员,他们的问话都是一致的:"是否知道你犯的罪?"

"知道,杀人。"

"你因尚有学识而被召进城。"

可我并未获取功名。

"接下来你要做的事,如事成,则免罪。"

"……其实我不在乎是否免罪。杀人时已经决意愿得一死。"

但我所说的,在这对话里毫无用处,对于他们来说,我大概和巫族使用的鸦是一样的。只是被撒出去,去做他们不愿自己做的事,成为他们的眼目。

夜里,我总是想这到底是要我做什么,想来是一件很危险很难的事,"如事成,则免罪",那么事不成的结果,应该是我死在路上吧。有时,早已舍弃生命,却不甘心被人用到莫名其妙的事上。

第二天,好容易遇到看似容易讲话的官员,我问他,是否还有和我一样的人,是否知道这事到底是指什么。他只是摆摆手说,爱莫能助。

"你知道我到这里来都需要做些什么?"

"你将带走一个巫,做你的随从。"

巫族是八族之中与人族关系最密切的,像乌鸦臣服于巫族一样,一百五十六年前,巫族曾经险些被兽族灭族,当时巫族的首领向人族求救,被迫接受了许多严苛的条件,人族却眼看巫族被消灭大半之后才出手相救。这段历史在我看来对双方都非常不光彩。巫族人数一直很少,在八族中虽然能力很强又很神秘,却属于最为弱小的一群,弱小到在五十七镇里,他们只有一个巫镇,所谓的鸦镇只有虚名,并不在镇谱里。而眼下,我这样的罪人被指派的事,他们还要出一个族人当随从。

"此外,你要向镇官求图。"

"求图?"

"对,他将给你巫镇守备范围之内的地图。"

"城里需要巫镇的图,为什么不直接让人送去?"

"这我也不清楚。"可他的笑又像什么都知道。

从河边走到巫镇的路，比我以为的要长。而在这条长路上，除了我和领路者，没有看到任何别的人。啸鸦们也似乎习惯了我的存在，只是站在周围的树上看。似乎为了打破沉闷的气氛，领路者问起我的家乡。

我的家乡教义镇是一个普通的人族聚集的镇子，临近的三个镇子都是人族。最后一次与兽族发生冲突是在至少十五年之前，为了一百里外的山猎。有人不小心射中了一只红鸟，也有人说，那是兽族自己射下来的，只是为了找借口和人族开战。那也是我第一次见到城里来的人，他们骑的马要比教义镇里最高的马还高许多，身上有一种奇特的香气。这一次，我进城，也重新闻到了那种气味，他们几乎每个人身上都有，酒坊食肆也都飘散着那种味，让人在清醒与微醺之间，有些恍惚。当时到达教义镇的城里官员，只停留了半天，带走了射中红鸟的人，那个人再也没回来。也是从那时候开始，教义镇的人被禁止狩猎，印书、制书、抄书、写书成了镇里的主要的职业。我以前在一家抄书馆，为人誊写书稿文献、填配插图、重抄古书。

"人族的古书有意思吗？"

"有的还算有趣，我曾抄过一本书，讲的全是有关奇人的故事，力可移山、眼望千里……不过这些可能对你们来说，都不值一提。"

领路者问："有没有讲到巫的书。"

"很少……如果我们发现描写其他部族的文字，要立刻告知抄书馆的总管，他确认能抄还是不能抄之后，才能动笔。"

"这么说你遇到过？那讲了什么？"

"遇到过一次，但最后原稿还是被送交城里了。"

"讲的是什么？"

"我没机会细读，只记得写的是'和宝之变'。那是什么事？"

"族内历史上小小的一点儿误会而已。"

我没说实话，他也没有。"和宝之变"就是一百五十六年前导致巫族险些被灭族的事件。事件本身匪夷所思，将本族的宝贝拱手让人、数位长老离奇被杀，这些都不像一个素来谨慎的民族会发生的事。

领路者突然双腿一夹，身下的马快跑了几步，把我远远落在后面，我尽可能紧跟其后，却眼见他冲进漆黑的森林，我走到林子前，听见树枝的异响，正在踌躇，突然又有一群鸦向我扑来，它们和路上的那些一样，没有碰我的身体，却又不同，仿佛从我体内穿过。树转枝移，阳光直射，出现了镇河、镇门，镇门上有数座俯瞰的高塔。我的驴不由自主往前走，落在树枝上的鸦看着我们。领路者出现在镇门处，他已经不再骑马，看起来倒比刚才在马上更加高挑。我下驴牵行，跟他走进去。

过了镇口，进入外镇，途经无数转弯，迷宫一般，幻影缤纷，眼前时而有如烟的奔马，时而是似乎触手可及的瀑布，一切都是伪装，是他们保护镇子的巫术的一部分。领路者说看到的景象因人而异，也难怪我似乎在水帘后面看到我思慕的女子，只是心里一惊，清楚她早就不在了。

内镇只是普通镇子的样子，倒让我想起教义镇。街上人来人往，偶有马匹、驴子、骆驼，很少见轿子或车。有人戴着有纱帘的阔檐帽，有人和领路者一样，只戴布软帽，罩住盘发。他带我到一家旅社，老板从柜台站起，吓了我一跳，他自鼻子以下到双颊、下巴都用银罩箍住。我以为他不能说话，没想到后脖颈到头顶之内传来他浑厚的声音："客官请在簿上写上您的名讳，房间早已备好，请先休息，餐饭随后送到屋内。"

上楼时，不等我问，领路者说："头语是巫族基本的一种技能，不足为奇。"

"但他为什么……"

"这是献祭。"他指着墙上表示巫族纪年的一个菱形，说，"每条线是一年，4年为一轮，每过一轮，要到巫墙内枯坐一个时辰，而每个巫族人在16岁时将到巫墙内许愿，定下终生献祭的禁条以及由此得到的报偿。"

"交出一种能力，换回另外一种？"

"有时是能力，有时是实现愿望。"

"你选了哪一种？"

他笑了："在巫墙内，巫灵早已知道每个人内心深处的愿望，他们会来决定拿走什么，给你什么。"

"可是如果……"

"那也是命。"

留他和我一起吃饭，但他拱手告辞，明天一早会来接我。

本以为整个傍晚会很无聊，可实际上吃过饭，喝了茶，我歪在榻上就睡着了。

········· 第二日 ·········

在巫镇过的第一夜并不舒服，总是听到各处有细微的声音，像有种比乌鸦更小更轻的东西在缓慢飘过，整夜似乎就在半醒无梦之间，而屋里的幽香不难闻，与城里用的不同，带有轻微的兰草味，让人平静，却又混杂着好似麝香的动物气息，令我略有不安。

领路者带我去见镇官的路上，问我对随从有什么要求。

挑选随从这种事要如何做起，我没有任何想法。以我的身份，无论何时都没能到拥有一个仆从的程度。在教义镇，只有写书人能有一个童倌跟随，一方面帮他做点儿杂事，一方面也要和他学习读书写字的功夫。我小时候给一个写书人当过童倌，那段经历并不能说愉快。既然我是罪人，他们这么郑重其事地为了找一名随从,大概还不只是陪伴我、辅助我,更重要的可能是监视我。这应当我来挑吗?

　　拜见镇官,在镇堂上我远远向他拱手。领路者在路上已经说了,因为我是代表城来的,到这里只用拱手。抬头发现镇官戴着宽檐大帽,整张脸挡在黑纱后面,雕饰繁复的座椅背后,躺着一只看上去站起来定将超过两人高的狮虎。在与狮虎四目相对的时候,它微微立起前身,仔细地看我。

　　领路者轻轻说:"那是镇官的眼睛和耳朵。"

　　镇官只是举手示意我坐下,直接用头语简洁地向我表示欢迎,并保证我走的时候会为我带上巫镇及周围区域的地图。他在我的头脑里与我说话,我却不能确定我想的事是否会被他全部读到,即刻从椅子上跳起来,拱手向他行礼,表示对他的感谢。狮子仰起脸又低下。

　　下一个拜见镇官的人已被带进来,我们走出镇堂,领路者笑着说:"如果有人用头语和你说话,你只要在脑子里回答就可以,不必惊慌。"

　　"可如果我在想一些别的事,会被读到么?"

　　他笑着说:"不可心生邪念。"

　　"如果我想和其他人使用头语术,怎么能学会?"

　　"你学不会。"

　　"或者,我怎么暗示一个巫希望他和我用头语对话?"

　　"也不行。只有我们想这么做才可以。"

　　他带我走到不远处一个大院里,一群年轻人正在玩八个彩鞠,没想到这和教义镇玩法差不多,分成两组,以一根香的时间为限,抢到多数彩鞠的一组为胜。由于不能用手掌碰彩鞠且不能让彩鞠停留,玩起来并不容易,可游戏很好看,彩鞠一直在跳跃飞起。

　　眼前大概有十个人,都是十几岁的少年,跑起来风一样快。

　　"他们都已经去过巫墙了么?"

　　"你是说献祭?"领路者看了看,说,"是的。你要挑选的巫,就在他们之中。"

　　我们站在那里看着那些少年,开始我以为我不会有任何好恶,但接着,他们中的五个可能相比于其他人算是灵活,在这十人中却相对手脚笨拙;三个求胜心切、不择手段,甚至连续用彩鞠猛击别人的脸;还有一个总是在投机取巧,想在胜券在握的时候再加入自己的队友之中;剩下的一个,我一开始以为他置身事外,却总是在关键时刻才出手,并把彩鞠弹给队友。

　　"他们好像看不见我?"

　　"确实看不见。"领路者手在空中一抓。少年们立刻弃彩鞠不顾,纷纷停下来看我。他让他们重新开局,这一次,许多少年变得收敛,而不太灵活的也在努力击球。唯有那个置身事外的少年,依然如故。但当彩鞠向我飞来时，他却突然飞身把彩鞠打回圈中。

领路者在一局结束之后，散掉其他少年，只留下最后一个。他向少年说明了我的来意，以及接下来要去各地取图。少年不露声色。我茫然地等着他用头语术和我对话，可他什么都没说。

"他是雅杰里·巴克克·伊尔哈依依……"领路者说。

即使我对巫族知之甚少，也曾经听说过他们一族都极少用名字。

领路者接着说："他的献祭是不可言说。"

"什么？"

"他不能通过任何途径表达自己的想法。不能说，不能写。"

"那他能读我的想法吗？"

"有可能，我猜可以。毕竟你不是巫，无法防备。即使你是，大概巫力也达不到可以防备的程度。"领路者说完，嘴角一丝笑。

"可是，如果他是我的随从，我需要他帮助的时候该怎么办？"我小声说。

"尽可以用各种方式叫他。"

"可他需要帮忙的时候呢？"

"你帮不了他。"领路者说这话的时候非常平静。

我想少年已经听到了我们所有的对话，可他仍然镇定得像无风的湖水。

我们所在之处是巫镇的学塾之一，领路者说我们还是不要久留的好，学生们在这里学习巫术，院子之外的地方都是安全的，但身处这范围里却很容易受到影响。他话音刚落，我们脚下身边就一阵剧烈的震动，领路者抓住我，我感到脚已离地，飘在半空。眼看刚才少年们玩彩鞠的草地隆起各种土坡，旁边的巨大的榕树也连根拔起。

"这就是我当时宁可去镇堂也不想来学塾的原因，每天都要把小孩子惹的祸复原真是烦人。"领路者放下我，对少年说，"你来收拾收拾。"

少年看看土坡和树，闭眼又睁开，大地像被抖了一下的布料，重新变得平整，榕树不仅重新像刚才一样立好，甚至连落下的叶子也重新复原。

树后走出来一个上了年纪的人，领路者对他拱手："学生拜见老师。"

"何时上路？"

"应是傍晚。"

我还以为最早明天出发。

老师看看我："两位请先去侧厅用午饭。"

"傍晚就走，需要这么急么？"

"你要在天黑时到达非中镇。下一个领路者会在路口等你。"

"我们需要去见少年的父母吗？"

他疑惑地看着我:"为什么?"

我想起自己离开教义镇的时候,父母都到镇口送行,双双垂泪。

"让他们和孩子道别吧。"

"巫不像人。我们从出生之后就不与父母生活,都在学塾里。而且……我们的父母也并不在一起。"

"那样不觉得寂寞吗?"

他又笑起来:"巫族曾经是专门受雇于人去取人性命的。像人族一样互相牵绊,怎么能以此为生?本来巫镇只是生养巫族的地方,不生育也不负责教养后代的巫族都应当在镇外,只有需要见巫灵的时候回来。现在事情略微发生了变化,但生活习惯还是和以前一样。"他想了想说,"其实巫聚集在一起,会限制彼此间的能力。"

"镇官是最强的巫吗?"

他点点头:"比如,需要的话,他一人足以调用镇守范围内所有的鸦,可以剥夺其他所有巫的巫力。说到这个,你不要小瞧那个少年。他应该是十个中最强的。"

但他也要监视我。

"巫镇自有记录以来,只有他的献祭是不可言说。所以……他的巫力会强到什么地步,可能连老师也无法确定。"领路者从桌边站起来,面向门口。

老师和少年依次出现了。少年已经换下了学塾里的白衣服,穿上了外出的月白色素衣。

我刚要开口叫他的名字,领路者说:"你不能叫他的名字。这会减弱他的巫力。"

我总不能叫他小哑巴吧。

学塾门前,有人为他准备好了一头驴,看起来比我的那头健康、挺拔。

与老师拜别之后,我本以为只等出发去下一镇而已,领路者却将我带到镇子靠近巫山的一头。小哑巴牵着驴跟在我们后面。巫山很高,在镇里只能看到它深入云层的半身,望不到山顶,整座山发出幽暗的黑红色,似乎漆黑的山体内有一团火正在燃烧。那本描写"和宝之变"的文稿里,写到巫山是巫族力量之源,而当年,兽族从巫山上冲下来,打破巫墙冲进巫镇,让镇内大乱。走近巫山,看得到那上面也像普通的山一样有草木有大树,只是它们统统是黑的。巫墙要比巫镇的城墙高许多,由黑色的石头砌成弧形,紧扣在山脚下。

"这里似乎不是我该来的地方。"我说。

"镇官叮嘱我带你到这里来。将对你们此行大有裨益。"

"如果我遇到危险,你们会用巫术救我?"

领路者笑起来,看看小哑巴:"这不好说……但我们会救他,无论他身在何处，巫灵都可以把他接回巫镇。"

我苦笑。

"你要在巫墙里和巫灵相处一个时辰，他们会决定该怎么做。"他停了一下，"过程可能很难熬，但我建议你坚持到最后。如果他们愿意，会在你身上留下一些标记，当你们遇到异族时，能有一时的巫力保护。"

他让我独自向前走，巫墙的石缝之间和巫山上突然飞下几百只啸鸦像一阵风向我飞来，将我团团包住，为我推开了一扇大门。

巫墙里是一个高耸的大厅，天光由上而下落进来，打在我脚前不远，我走过去，光束缓慢移动，将我引至一个厚蒲团上。我盘腿坐下。周围漆黑一片，有一种蜂蜜的甜味，使得这环境并不恐怖。紧接着，我眼前突然出现了蓝色的火堆，轻轻地噼啪作响。不多时，火苗之上出现了一团团小的火光，缓缓围绕在我身边。

我努力保持清醒，却又感到困倦和疲惫正随着火苗的炽热从四面八方把我吞掉。我一闭眼，蓝色的火堆就好像透过眼皮变成了红色，与巫山一样的颜色，过了一会儿，我想起夜里在旅社的感觉，有什么小而轻的东西在我身边飘，他们在窃窃私语。略有不同的是，好像此刻有特别多这样的东西。我睁开眼，除了火苗却又什么都看不到。火苗噼啪声变大了，我盯着看，却看到我曾经恋慕的女孩在其中对我笑，我立刻站起来想要去抓住这幻象，下一刻却是她惨死的景象……这火苗里映出的是我之前的遭遇，可除了她之外，其他的人和事，我根本不想看到。巫灵在我耳边说着一些咒语，我重新坐下，仰视巫墙上的光洞，当再低下头时，看到自己双手中指和无名指之间各出现一道蓝色的光线，它们像眼前的火苗一样，闪着幽光，好久才慢慢暗下来。

在教义镇，我受刑之前，行刑人曾经仔细在我脸上用红浆树汁画线，平日我也是用浆树汁抄写，对那气味熟悉极了。他用的笔与抄书馆的笔一样，让我闭上眼，笔尖从我额头到鼻梁到嘴唇到下巴，一条线划下来，原来书页被笔这么写画的时候是这种感觉。第二天，他将会把我劈成两半，全程必须做满两个时辰。据说，如果真的不偏不倚从正中劈开，人会活着，手脚还能分别抓握颤抖，直到行刑完毕一个时辰才能死绝。那一整晚，我在祈求天母让我行刑时速死。

没想到，天亮之后，他们把我从牢中放出，让我回家。我还记得母亲的手一遍遍摸着我脸上的红线。红浆树汁万年不变，之前也从没有人在上刑场前被豁免。我父亲找来改羊皮书的白酸，在我脸上仔细涂了七遍。疼极了，一遍比一遍疼，我能闻见皮肤被烧灼发出的焦味，而这就像我被劈开了七遍。进城之后，我涂过官医给我的药膏，留下的伤口才结痂消掉。望着手上蓝线的时候，脸上的中线也一阵微热，那感觉倒并未让人不快，似乎有一种力量被藏在了这图形里。

火苗重新聚合，化身为一只巨手——那似乎是女人的手，线条柔和而饱满——伸向我，我紧闭上双眼，那只手在我头上一碰。再睁眼，火苗已经消失，啸鸦重新飞下来，催促我站起来离开。

过了一个时辰吗？好像很快。但走出巫墙，五个太阳中的三个已经看不见了。

领路者先看了我的手，让我喝下一壶水。奇特的是，我并没觉得很疲倦，反而好像身上有了力量。不多久，小哑巴从巫墙里走出来，我才发现我并不知道他是何时进去的。我让他伸手给我看，那双手看不出有什么分别。

傍晚，镇官在镇堂为我们设下了简单的饭菜，席间镇官并未出现。领路者带我到镇堂侧厅领了一小笔银两，看我点算好，签下字据，叮嘱我，接下来，到每一个镇都要记得领如数的盘缠，可能像在巫镇一样用不上，但最后终归有用。我打断他，问他："你的献祭是什么？"

他略歪着头看我。

"我已经知道了。"

他笑："是什么？"

"你不能用头语。"

他笑出了声。

当我们走到内镇镇门时，才看到镇官早已在此等候。镇官还是看不到脸，但这次并没有狮虎伴随，他的肩膀上站了一只啸鸦。他双手将图管给我，我躬身拱手受图。图管一尺长，两端已经用锡和蜡焊死。我本以为能看着这张图走到下一个镇子，现在看来是不成了。

我的行李和小驴也都在这里。领路者带我们走出外镇，在镇河边给我一个袋子，说："你在下一个镇用得上。"我晃了晃，叮叮当当响，伸手去摸，是个铃。领路者按住我的手，说："现在不要拿出来。"

就此告别，他在身后目送，我脑内突然响起他的话："我的献祭，你猜错了。此去前路迢迢，祝君好运。"

Ryan's Comic

Ryan | 绘图

墓地疯子

btr | 撰文

爱丁堡大象屋的侍应生都叫他"墓地疯子"。每晚九点,他都会用银制咖啡勺轻敲印有大象(大象屋嘛)的咖啡杯,随后讲一个他声称亲身经历(但人们通常不信)的故事。这些故事不但内容千奇百怪(等会儿我们就要听到其中一个),而且口音多变(苏格兰或伦敦腔、纽约或希腊口音)。安德鲁,此刻正在吧台后炮制爱尔兰咖啡的侍应生主管——他正拿起一瓶高地公园牌苏格兰单麦威士忌朝黑咖啡里倒呢(神奇的是:苏格兰威士忌加黑咖啡和奶油竟然变成了爱尔兰咖啡)——是墓地疯子最狂热的粉丝。或者说:他在大象屋打工,就是为了每晚听墓地疯子讲故事(我们稍后会知道安德鲁的目的),而不是因为什么 J.K. 罗琳或伊恩·拉金(游客们往往为此而来)。

安德鲁懂得分辨游客的技巧:除了他叫得出名字的一两个熟客外(隔壁以烤乳猪闻名的琥珀餐厅的老板科林以及通常在皇家戏院演出结束后会过来喝一杯的博伊德),店里的顾客全是游客。他们大部分是哈利·波特的粉丝,提出的第一个问题总是关于 WiFi 密码的(密码就是 harrypotter)。他们举起手机和照相机,通过取景框看店里的一切(多少有点曝光不足)。而记忆会变成流量,换取简洁的"赞"(每个赞都像货币一样等值)。他们也会不失时机地阅读手中各种语言版本的地图或爱丁堡导览手册,寻思着还有多少未曾到达的景点(像盘点)。

墓地疯子是不管这一切的。此刻(八点五十九分),他已经站了起来(迅速地,本能地)。银制咖啡勺敲打大象屋咖啡杯的声音会因所剩咖啡的多少而略有差异(可能只有安德鲁意识到这一点),但仪式是不变的:游客们会像中邪一般安静下来(剧院灯光渐渐熄灭,戏就要开演那一刹那),就好像所有的声音此刻已被魔法没收进墓地疯子手里的咖啡杯(吸尘器)里。安德鲁顺势调暗了大象屋里的灯光,除了墓地疯子头顶那盏射灯。随后的半小时感觉像五分钟。时间被浓缩(Espresso),空间被框定(就让我们假设框架之外的世界并不存在好了),中了邪的观众顿悟般一下子听懂了墓地疯子的任何口音(并且能识别这种口音)。

我所说的一切都是真的(永远不变的开场白),墓地疯子开始讲他的故事。有一次,我被关进一间漆黑的小屋,小屋里只有一张床、一盏吸顶灯和一个抽水马桶。屋顶很高,吸顶灯的开关也不在小屋内,猜想是由屋外的不知谁控制着。门无法从屋内打开,也不知道是谁把我关进来的。几小时后,灯亮起。我在床脚发现了一支铅笔。屋里没有纸,我就在白墙上画了一扇门。我试着推了一下,门就开了。就这么简单,我逃出了那间小屋。

但就在那时,我开始怀疑另一件事:我是不是真的?也就是说,我是不是真实的存在?如果我是真实的存在,我怎么可能打开一扇墙上画的假门就逃了出来呢?这样的情节根本就像是虚构的啊。于是我来到城堡边的那间二手书店,把我的经历原原本本地讲给了一位戴黑框眼镜的年轻女店员听。她静静听完,并不慌忙,随后问我:如果你觉得这是一个寓言,那么寓意是什么?我想了想答:寓意可能是——想象,也是一种逃离。黑框眼镜女说:如果真的是想象的话,你现在一定还在那间小屋里呢,而我只是你的幻想;所以你只需要想明白这一个问题,我是不是真的?我是不是只是你的幻想?我说你是真的,你当然是真的。这时,黑框眼镜女提议,一起去那个小屋看看。"眼见为实",这是她的原话。就这样,我带她来到那间小屋。她提议,由她一个人进去察看,我负责把门。我同意了。她走进小屋,咳嗽了一声,吸顶灯就亮了。五分钟后,她走出小屋,掩饰不住脸上的笑。你是骗子吧,她对我说。我说怎么啦?她说墙上的确画了一扇门,但那扇真正的门不就在你画的那扇门里么?我说不可能,小屋里原本的那扇门是打不开的。你真的试过?她问。她这么一问,我倒不再确信无疑了。记忆总是不那么可靠,尤其在人受到惊吓的时候。我到底试着推过那扇门吗?会不会仅仅因为那个小屋是漆黑一片的,我就以为它无法从内部打开?又或者,那扇门原本是打不开的,但在我画门的时候,它已经变得可以打开了?我不再确信。我老老实实地答,我不记得了。

故事说到这里,墓地疯子拿起一瓶 Williams Ceilidh Lager(这一杯是店里请的),扬起头,一口气喝了半瓶(似乎要与故事的进度相配比似的)。他没有停顿太久,便继续开始讲故事的后半部分。

后来,我和黑框眼镜女回到了书店。我们想出了一个好办法,打算上网搜索一番,究竟有什么小说里有类似的门或情节。然而,当我们沿着乔治四世大桥街往北走,在曲折的维多利亚街左拐,顺着下坡路走向 Grassmarket 的时候,一件小事引起了我的怀疑:有一只海鸥不知为何从低空掠过,发出一种似乎在表达喜悦的叫声。爱丁堡的确靠海,Abbey 山另一侧不远处,连空气都是咸的;但在相对西侧的 Grassmarket,从前的市集和公共行刑处,海鸥并不多见。这让我想起吴宇森电影里的鸽子,如果动物总是在这些虚构作品中成为象征,那么剧中人是否可以凭借这些象征,来确认自己身在剧中呢?比如这只海鸥,会不会是在象征我藉由想象力逃出小屋、走向自由呢?我没有把这些想法告诉艾丽斯,那个黑框眼镜女,我不想打草惊蛇。我们回到书店时已近黄昏,店里几乎没有什么顾客,于是我坐在艾丽斯身旁,打开 Google。我们最先找到的并不是小说,而是法国画家尼古拉·普桑(Nicolas Poussin)的一幅自画像。前景是微微皱眉作凝视状的画家本人,深色上衣几乎与暗色背景融为一体;他的背后有三幅、或四幅彼此遮蔽的油画——究竟是三幅还是四幅,这才是重点。

因为那第四幅画,可能是一扇门,难以识别那暗处的轮廓究竟是门框还是画框。我们点击了这张自画像,屏幕上跳出一篇艺术评论。评论家显然也拿这点大作文章,"或许在尼古拉·普桑看来,油画与门没有什么两样。"我们继续搜索,找到了一篇更类似、也更神奇的故事,来自阿拉斯岱尔·格雷的短篇集《十个既荒诞不经又真实无疑的故事》(Ten Tales Tall & True)中的一篇《虚构出口》(Fictional Exits)。那个故事的开头部分,很像我的经历:那个囚徒同样画了一扇门,"一扇与那扇打不开的门一模一样的门,只有一处区别",即门上有钥匙。"自由意志是思想的核心,每一个感觉被困住的人都必须想像逃离,其中一些是有用的。新的艺术和科学、宗教和国家就是这样被创造出来的。"作者写道。然而,故事又峰回路转,遁入一个"不那么大团圆的结局",在后半部分故事里,几个粗心大意的警察误抓某人后,运用想象力反诉其袭警,才化险为夷。我和艾丽斯读完整个故事后,不约而同地沉默下来。所以?她用探询的眼光看着我。所以我和你都不是真实的,我对她说道,我们都在另一位作家的想像世界里——他挪用了阿拉斯岱尔·格雷的故事,可能只是想说明另一个道理。什么道理?艾丽斯问。不会有另一扇门。想像力只能用来发现那扇原本打不开的门的改变——而甚至那也只是想像而已。我说道,有点像自言自语。

故事几乎是戛然而止的,有几位顾客开始鼓掌(另一些人则在听见掌声后鼓起掌来),而安德鲁又忙碌了起来(故事需要啤酒或威士忌来消化)。离大象屋打烊还有足足一个半小时,但对他来说,这一天已经结束了。

附录:————————
安德鲁·哈钦森给 btr 的电邮(译文)
From:安德鲁·哈钦森
To:btr
Re:墓地疯子的译文

btr 你好,
虽然看不懂神秘的方块字,但看见自己的小说被译成另一国的文字,还是相当令人激动。谢谢你!很遗憾因为爱丁堡书展与上海书展时间冲突,而未能前来上海,希望下次还有机会。你的采访问题,现简答如下,若有其他疑问,可尽管再来电邮询问。

Q_ 墓地疯子真有其人吗?还是完全出自你的想像?
A_ 真有其人!店里的侍应生告诉我:他就住在离大象屋不远的灰衣修士教堂墓地(Greyfriars Kirk)里的一间小屋中。那间小屋里也真有白色粉笔画的门!不过现实世界里的墓地疯子从不讲故事,他只是经常去大象屋喝一杯 Williams Ceilidh Lager,也很少讲话。据说有一次他曾谈及自己的身世,说自己是亚历山大·亨德逊的后裔。(1638年,苏格兰各地领袖因不满国王专权,相聚于爱丁堡,发布《国民公约》。亚历山大·亨德逊是该公约的起草者。)

Q_ 若真有其人,墓地疯子读过《墓地疯子》了吗?
A:我请店员代送了他一本!但他似乎不读书。

Q_ 您是个格拉斯哥人。为什么要将小说的背景设定在爱丁堡?

A_ 那是因为大象屋的缘故——作为哈利·波特的诞生地,我希望故事因此多一些神秘的色彩。

Q_ 您为什么要在故事里安排一个名叫安德鲁的人物,而不是干脆用第一人称写呢?

A_ 只是游戏,作者总希望离自己远一些。或者说我只是用自己的名字命名了那个侍应生而已。

Q_ 能否谈谈阿拉斯岱尔·格雷对你的影响?您喜欢的作家还有哪些?

A_ 阿拉斯岱尔·格雷是我最喜欢的苏格兰作家了。他的每本书都以独占一页的、大大的 "Goodbye" 作为结尾;有趣的是,在《墓地疯子》里提及的那本短篇集的结尾,却是一张詹姆斯·布里斯的漫画,漫画中的阿拉斯岱尔·格雷正在写那个大大的 "Goodbye"。我喜欢的作家还有纳博科夫和库特·冯内古特。

Q_ 有评论说《墓地疯子》很像一个寓言,一个有关如何逃离困境的寓言。您同意这种说法吗?

A_ 当然一切都是寓言。在我看来,寓言总是在清晰与模糊之间的某处。或者说,是一种混沌的清晰。而归纳一个寓言,就会破坏这种"清晰的模糊"。

Q_《墓地疯子》里提到了自由意志,也让我想起了意大利剧作家皮兰德娄的《六个寻找剧作家的角色》。你故事里的人物似乎也常常想逃离故事本身,追求一种真实?

A_ 的确如此。在这个时代,什么是真实、什么是虚构的再也不那么泾渭分明了。倒不是说我们真的都会有对于桶中之脑(Brain in a vat)的思考,而是说,我们都不自觉地有了一种焦虑,而这种焦虑来自于科学的不断发展。另一方面,我也想探讨某种自由的幻觉,这种幻觉就类似于作者一人物的控制关系。

ps. 附上大象屋的照片一张,欢迎来苏格兰玩!
祝好!
安德鲁·哈钦森

图书在版编目（CIP）数据

大宇宙 / 陈坤著. -- 上海：上海社会科学院出版社，2015
ISBN 978-7-5520-0893-7

Ⅰ．①大… Ⅱ．①陈… Ⅲ．①宇宙-普及读物 Ⅳ．①P159-49

中国版本图书CIP数据核字（2015）第 279994 号

大宇宙

主　　编：	陈　坤
责任编辑：	王晨曦
装帧设计：	typo_d
出版发行：	上海社会科学院出版社
	上海淮海中路622弄7号　电话 63875741　邮编 200020
	http://www.sassp.org.cn　　E-mail:sassp@sass.org.cn
印　　刷：	上海丽佳制版印刷有限公司
开　　本：	787×1092 毫米　1/16开
印　　张：	14.5
插　　页：	2
字　　数：	200千字
版　　次：	2015年12月第1版　2015年12月第1次印刷

ISBN 978-7-5520-0893-7/P・005　　　定价：48.00元

版权所有　翻印必究